无机化学实验

（第四版）

闽南师范大学无机及材料化学教研室　编

厦门大学出版社
XIAMEN UNIVERSITY PRESS
国家一级出版社
全国百佳图书出版单位

第四版前言

　　本书初版于 2007 年,2013 年修订编写了第三版。本次再版继承了前几版的基本思路和基本架构,除了继续加强学生基本操作和实验技能的规范化训练,培养学生实验技能技巧、综合运用化学知识分析问题及解决问题能力外,还着重通过减少实验药品的用量、改进操作方案和增加实验的三废处理等内容来实现无机化学实验的微型化、低毒和零污染,努力做到从源头到末端的绿色化。

　　与第三版相比,我们这次改版除了对教材中一些细节和疏漏进行修正外,在元素部分实验的内容中增加了化学三废末端绿色化处理的具体方法,旨在帮助学生逐步树立绿色化学思想,形成全过程环保意识;在综合设计实验部分,增加了一个备选方法,旨在进一步强调实验的绿色化及培养学生的综合实验能力。

　　参加本书修正工作的有詹峰萍、邱玮玮、王庆华、高凤、倪健聪、高飞。在编写和出版过程中,得到闽南师范大学化学与环境学院及教务处的热情关心和大力支持,得到了厦门大学出版社的多方指导和帮助。在此,向他们表示由衷的感谢!

　　由于编者水平有限,书中不妥之处在所难免,也可能出现错误,恳请读者批评指正,十分乐意得到这方面的反馈信息。

编　者

2017 年 5 月

第三版前言

　　本书初版于 2007 年,在 2010 年修订编写了第二版。本次再版继承了第一版和第二版的基本思路和基本架构,除了继续加强学生基本操作和实验技能的规范化训练,加强综合运用化学知识和实验技能的能力,初步培养学生实验技能技巧、分析问题及解决问题能力外,更着重通过减少药品的用量,改进操作方案等内容来实现实验的微型化、无毒、无污染,努力做到无机化学实验的绿色化。

　　与第二版教材相比,除了对教材中一些细节和疏漏进行修正外,主要对第四部分元素及其化合物实验中的一些药品用量和实验顺序进行了修改和调整,旨在使实验内容更具条理性、更符合绿色化无污染的原则。本版还将实验内容分为两个层次:(1)基础实验内容——包含了无机实验较为常用和基础的实验内容,是化学类各专业教学必须达到的最低要求;(2)加 * 号的实验内容和课后的选作实验——可供不同专业根据要求灵活选择,也可供学生加强练习,以加深巩固基础实验操作。

　　参加本书修正工作的有詹峰萍、邱玮玮、王庆华、高凤、倪健聪、高飞。在编写和出版过程中,得到闽南师范大学化学与环境科学系及教务处的热情关心和大力支持,得到了厦门大学出版社的多方指导和帮助。在此,向他们表示由衷的感谢!

　　由于编者水平有限,书中不妥之处在所难免,也可能出现错误,恳请读者批评指正,十分乐意得到这方面的反馈信息。

编　者

2013 年 5 月

第一版前言

　　无机化学实验是化学专业及其他相关专业大学一年级学生进校后接触的第一门专业基础课,是初步培养学生实验技能、技巧和分析问题及解决问题能力的重要课程。

　　根据本院学生的实际特点和本系的实验条件,参考国内出版的一些实验教材,并结合多年的教学实践经验,在本课程组原先编写的"无机化学实验"讲义的基础上,我们编写了本书。本书的编写原则是:加强基本操作和实验技能的规范化训练,加强综合运用化学知识和实验技能的能力,尽量使实验微型化、无毒、无污染。

　　本书实验共分六部分:基础知识介绍;基本操作实验,共安排了 8 个实验;基本化学原理实验,共安排了 10 个实验(部分选做);元素及其化合物实验,共安排了 7 个实验;无机化合物制备实验,共安排了 10 个实验(部分选做);综合设计实验,共安排了 7 个实验(部分选做)。最后附有附录,内容包括无机化合物的溶解度,常用酸、碱的浓度,常用溶液的配制,以及某些离子和化合物的颜色等。

　　参加本书编写工作的有姜玉颖、詹峰萍、王庆华、邱玮玮、高飞。全书的前期工作(草稿的选编和录入工作)由姜玉颖高级实验师负责,书稿初稿经陈瑞福教授审阅,在此向他们表示衷心的感谢。此外,傅金奖、凌建华同学参加了草稿的录入工作,谨此致谢。在编写和出版过程中,得到漳州师范学院化学与环境科学系及漳州师范学院教务处的热情关心和大力支持,得到了厦门大学出版社的多方指导和帮助。在此,向他们表示由衷的感谢!

　　由于编者水平有限,书中不妥之处在所难免,也可能出现错误,恳请读者批评指正。

编　者

2007 年 3 月

目　录

第一部分　基础知识介绍

第一章　无机化学实验基本要求 ……………………………………………… 1
第二章　无机化学实验中的安全操作和事故处理 ……………………………… 6
第三章　无机化学实验常用仪器介绍 …………………………………………… 8
第四章　化学实验中的数据记录与处理 ………………………………………… 14

第二部分　基本操作实验

实验 1　仪器的认领和洗涤 ……………………………………………………… 18
实验 2　试剂的取用和试管操作 ………………………………………………… 22
实验 3　溶液的配制 ……………………………………………………………… 28
实验 4　滴定操作 ………………………………………………………………… 35
实验 5　五水合硫酸铜结晶水的测定 …………………………………………… 40
实验 6　二氧化碳气体的相对分子质量的测定 ………………………………… 43
实验 7　转化法制备硝酸钾 ……………………………………………………… 46
实验 8　Fe^{3+}、Al^{3+} 离子的分离 …………………………………………… 49

第三部分　基本化学原理实验

实验 9　化学反应速率和活化能 ………………………………………………… 52
实验 10　化学平衡移动 …………………………………………………………… 57
实验 11　电离平衡和沉淀平衡 …………………………………………………… 58
实验 12　醋酸电离度和电离常数的测定 ………………………………………… 62
实验 13　氧化还原反应 …………………………………………………………… 64
实验 14　银氨配离子配位数的测定 ……………………………………………… 67
实验 15　磺基水杨酸合铁（Ⅲ）配合物的组成及其稳定常数的测定 ………… 69
实验 16　配合物 …………………………………………………………………… 74

第四部分　元素及其化合物实验

实验 17　p 区重要非金属化合物的性质 ……………………………………………………… 77

实验 18　p 区重要金属化合物的性质 …………………………………………………………… 81

实验 19　常见阴离子的分离与鉴定 …………………………………………………………… 85

实验 20　d 区重要化合物的性质（一） ………………………………………………………… 92

实验 21　d 区重要化合物的性质（二） ………………………………………………………… 97

实验 22　ds 区重要化合物的性质 ……………………………………………………………… 102

实验 23　常见阳离子的分离与鉴定 …………………………………………………………… 106

第五部分　无机化合物制备实验

实验 24　粗盐的提纯 …………………………………………………………………………… 111

实验 25　铝钾矾和铬钾矾晶体的制备 ………………………………………………………… 119

实验 26　碱式碳酸铜的制备 …………………………………………………………………… 121

实验 27　甲酸铜的制备 ………………………………………………………………………… 123

实验 28　三草酸合铁（Ⅲ）酸钾的制备和性质 ………………………………………………… 125

实验 29　无机颜料的制备 ……………………………………………………………………… 127

实验 30　醋酸铬（Ⅱ）水合物的制备

　　　　——易被氧化的化合物的制备 ………………………………………………………… 129

实验 31　一种钴（Ⅲ）配合物的制备 …………………………………………………………… 132

实验 32　高锰酸钾的制备 ……………………………………………………………………… 135

第六部分　综合设计实验

实验 33　综合设计实验（一） …………………………………………………………………… 138

实验 34　综合设计实验（二）

　　　　——水中溶解氧及大气中二氧化硫含量的测定 ……………………………………… 139

实验 35　综合设计实验（三）

　　　　——甘氨酸锌螯合物的合成 …………………………………………………………… 142

实验 36　综合设计实验（四）

　　　　——自行设计硫酸亚铁铵的制备 ……………………………………………………… 143

实验 37　综合设计实验（五）

　　　　——氯化铵的制备 ……………………………………………………………………… 144

实验 38　综合设计实验（六）

　　　　——硝酸钾溶解度的测定与提纯 ……………………………………………………… 145

实验 39　综合设计实验（七）
　　　　——柠檬酸钙的制备 ·· 146

实验 40　综合设计实验（八）
　　　　——锌钡白（立德粉）的合成 ································ 147

实验 41　综合设计实验（九）
　　　　——草酸铜的制备 ·· 148

第七部分　附　录

附录 1　一些无机化合物的溶解度 ·· 149

附录 2　常用酸、碱的浓度 ··· 151

附录 3　某些试剂溶液的配制 ··· 152

附录 4　某些离子和化合物的颜色 ······································· 154

附录 5　离子鉴定 ·· 158

附录 6　参考资料 ·· 164

第一部分

基础知识介绍

第一章 无机化学实验基本要求

一、明确实验目的

无机化学实验的内容主要包括五个方面,即基本操作、基本原理、元素化学、无机化合物制备和综合设计实验。无机化学的理论和实验教学方式,大部分是实验在前,理论在后。学生通过观察实验现象和结果,了解、认识化学反应的事实,总结归纳相关的宏观化学原理,了解元素化学中重要元素及其化合物的性质和有关物质的变化规律;掌握无机化学实验的基本操作和技能;通过学习元素化学的基本知识,学会无机物的一般制备方法;学会正确使用基本仪器测量实验数据,正确处理数据和表达实验结果。无机化学实验教学不单纯是验证有关理论和物质的性质,更重要的是培养学生的综合素质,即独立思考、发现问题、分析问题和解决问题的能力,学会从感性认识提高到理性认识的思维方法,养成严谨的实事求是的科学态度,树立创新意识,为学习后续实验课程和进行科学研究打下良好基础。

我国已故的著名化学家卢嘉锡院士对科学工作者的赠言:"C_3H_3",即 clear head(清楚的头脑),clever hands(灵巧的双手),clean habit(整洁的习惯),是指引我们学好化学实验课的座右铭。

二、学好无机化学实验方法

要做好无机化学实验,不仅要明确上述实验目的,而且要掌握学习无机化学实验的方法。现将学习无机化学实验的方法做如下介绍。

1.认真预习

(1)阅读、理解本实验教材及无机化学教科书和参考资料。

(2)明确实验目的,理解实验原理。

(3)理清实验内容,了解基本操作和仪器的使用方法及实验中的注意事项。

(4)在预习的基础上,写出预习报告(内容包括实验原理、步骤、做好实验的关键及应注意的安全细则等)。

2.细心实验

(1)严格遵守实验规则,节约药品及水、电,爱护仪器,认真操作,细心观察,深入思考,得出结果。

(2)遇到疑难问题,要善于思考分析,若无法解答,可以同指导教师讨论。

(3)如实记录实验现象和数据,不能抄袭、杜撰(虚报)数据。

3.写出报告

实验结束后要及时写好实验报告,交指导教师批阅,实验报告内容如下:

(1)实验目的、原理、药品仪器和内容;

(2)对实验中所记录的现象、数据应认真地按要求进行计算、作图、分析、解释、讨论;

(3)书写实验报告应字迹端正,简明扼要,整齐清洁。

下面举出几种不同类型的实验报告格式,以供参考。

无机化学实验报告格式示例1:

无机化学测定实验报告

班　级＿＿＿＿＿＿＿＿　　学　号＿＿＿＿＿＿＿＿　　姓　名＿＿＿＿＿＿＿＿　　同组人＿＿＿＿＿＿＿

实验日期＿＿＿＿＿＿＿　　室　温＿＿＿＿＿＿＿　　大气压＿＿＿＿＿＿＿　　成　绩＿＿＿＿＿＿＿

实验名称:＿＿

实验目的:

实验仪器、药品:

测定原理(简述):

实验内容:

数据记录和结果处理:

问题和讨论:

小结:

指导教师签名＿＿＿＿＿＿＿＿＿

无机化学实验报告格式示例2：

无机化学制备实验报告

班　级＿＿＿＿＿＿＿＿　　学　号＿＿＿＿＿＿＿＿　　姓　名＿＿＿＿＿＿＿＿　　同组人＿＿＿＿＿＿＿＿

实验日期＿＿＿＿＿＿＿＿　　室　温＿＿＿＿＿＿＿　　大气压＿＿＿＿＿＿＿　　成　绩＿＿＿＿＿＿＿

实验名称：＿＿

实验目的：

实验仪器、药品：

基本原理（简述）：

简单流程（方块式或箭头式）：

实验过程主要现象：

实验结果：
　　产品外观
　　产量
　　产率

问题和讨论：

小结：

指导教师签名＿＿＿＿＿＿＿＿＿

无机化学实验报告格式示例3：

无机化学性质实验报告

班　级＿＿＿＿＿＿＿　　学　号＿＿＿＿＿＿＿　　姓　名＿＿＿＿＿＿＿　　同组人＿＿＿＿＿＿＿

实验日期＿＿＿＿＿＿＿　　室　温＿＿＿＿＿＿＿　　大气压＿＿＿＿＿＿＿　　成　绩＿＿＿＿＿＿＿

实验名称：＿＿＿

实验目的：

实验仪器、药品：

实验内容	实验现象	解释和反应

讨论：

小结：

附注：

指导教师签名＿＿＿＿＿＿

无机化学性质实验报告格式样本：

无机化学性质实验报告

班　级＿＿＿＿＿＿＿　　学　号＿＿＿＿＿＿＿　　姓　名＿＿＿＿＿＿＿　　同组人＿＿＿＿＿＿＿

实验日期＿＿＿＿＿＿＿　　室　温＿＿＿＿＿＿＿　　大气压＿＿＿＿＿＿＿　　成　绩＿＿＿＿＿＿＿

实验名称：　实验2　试剂的取用和试管操作

实验目的：

　　学习并掌握固体和液体试剂的取用方法；练习并掌握振荡试管及加热试管中固体和液体的方法。

实验仪器、药品：

　　仪器：试管、试管夹、烧瓶、研钵、量筒、蒸发皿、酒精灯（或煤气灯）、滴管、药匙、石棉网

　　固体药品：碘、碘化钾、铝粉、氢氧化钠、硫酸铜、葡萄糖

　　液体药品：四氯化碳、异戊醇、亚甲蓝（1%）、硫酸镍（0.2 mol·L^{-1}）、乙二胺（25%）、丁二酮肟（1%）

　　材料：玻璃棒

实验内容	实验现象	解释和反应
四、五色管实验 　　取 5 支试管，在每支试管里注入 1 mL 0.2 mol·L^{-1} NiSO$_4$ 溶液。在第一支试管中滴入 1 滴 25%乙二胺（en）溶液，在第二支试管中滴入 2 滴 25%乙二胺溶液，在第三支试管中滴入 3 滴 25%乙二胺溶液，在第四支试管中注入 1 mL 1%丁二酮肟（dmg）溶液，第五支试管作对比颜色用。振荡试管后观察并比较五支试管中配合物的不同颜色	第一支试管溶液为浅蓝色，第二支试管溶液为蓝色，第三支试管溶液为紫色，第四支试管为红色	$[Ni(H_2O)_6]^{2+} + en \rightarrow$ $[Ni(H_2O)_4(en)]^{2+} + 2H_2O$ $[Ni(H_2O)_6]^{2+} + 2en \rightarrow$ $[Ni(H_2O)_2(en)_2]^{2+} + 4H_2O$ $[Ni(H_2O)_6]^{2+} + 3en \rightarrow$ $[Ni(en)_3]^{2+} + 6H_2O$ $[Ni(H_2O)_6]^{2+} + 2dmg \rightarrow$ $Ni(dmg)_2 + 6H_2O + 2H^+$

讨论：

小结：

附注：

指导教师签名＿＿＿＿＿＿＿＿＿

第二章 无机化学实验中的安全操作和事故处理

在无机化学实验中,常常会用到一些易燃、易爆、有腐蚀性和有毒性的化学药品,所以必须十分重视安全问题,决不能麻痹大意。在实验前应充分了解每次实验中的安全问题和注意事项。在实验过程中要集中精力,严格遵守操作规程和安全守则,这样,才能避免事故的发生。万一发生了事故,要立即紧急处理。

一、安全守则

1.对一切易燃、易爆物质的操作都要在离火较远的地方进行。对有毒、有刺激性的气体的操作都要在通风橱内进行。当需要借助嗅觉判别少量的气体时,决不能用鼻子直接对着瓶口或试管口嗅闻气体,而应当用手轻轻扇动少量气体进行嗅闻。

2.加热、浓缩液体的操作要十分小心,不能俯视正在加热的液体,试管在加热操作中管口不能对着自己或别人。浓缩溶液时,特别是在有晶体出现之后,要不停地搅拌,不能离开工作岗位,应尽可能戴上防护眼镜。

3.绝对禁止在实验室内饮、食、抽烟。有毒的药品(如铬盐、钡盐、铅盐、砷的化合物、汞及其化合物、氰化物等)要严格防止进入口内或接触伤口。剩余的药品或废液不许倒入下水道,应回收集中处理。

4.使用具有强腐蚀性的浓酸、浓碱洗液时,应避免接触皮肤和溅在衣服上,更要注意保护眼睛,必要时可戴上防护眼镜。

5.绝对不允许随意混合各种化学药品,以免发生意外事故。

6.水、电、煤气使用完毕应立即关闭。

7.每次实验结束后,应将手洗干净后才离开实验室。

二、意外事故的紧急处理

如果在实验过程中发生了意外事故,可以采取如下救护措施。

1.割伤:伤口内若有异物,须先挑出,然后涂上碘酒或贴上"止血贴",包扎,必要时送医院治疗。

2.烫伤:切勿用水冲洗。可在烫伤处涂上烫伤膏或万花油。

3.酸或碱腐蚀伤害皮肤时,先用干净的干布或吸水纸揩干,再用大量水冲洗。对于受酸腐蚀至伤可用饱和碳酸氢钠或稀氨水冲洗;对于受碱腐蚀至伤可用 $3\%\sim5\%(m)$ 醋酸或 $3\%(m)$ 硼酸溶液冲洗,最后用水冲洗,必要时送医院治疗。

4.酸(或碱)溅入眼内,应立即用大量水冲洗,再用 $3\%\sim5\%(m)$ 碳酸氢钠溶液[或 $3\%(m)$ 硼酸溶液]冲洗,然后立即到医院治疗。

5.吸入刺激性或有毒气体如氯气、氯化氢气体时,可吸入少量酒精和乙醚的混合蒸气解毒。因吸入硫化氢气体而感到不适(头晕、胸闷、欲吐)时,立即到室外呼吸新鲜空气。

6.遇毒物不慎入口时,可内服一杯含有 5~10 cm³ 稀硫酸铜溶液的温水,再用手指伸入咽喉部,促使呕吐,然后立即送医院治疗。

7.不慎触电时,立即切断电源。必要时进行人工呼吸,找医生抢救。

8.遇到起火,则要立即灭火,并采取措施防止火势扩展(如切断电源,移走易燃药品等)。可根据起火原因选择合适的灭火方法:

(1)一般的起火:小火用湿布、沙子覆盖燃烧物即可灭火,大火可以用水、泡沫灭火器灭火。

(2)活泼金属如 Na、K、Mg、Al 等引起的着火,不能用水、泡沫灭火器、二氧化碳灭火器灭火,只能用砂土、干粉等灭火;有机溶剂着火,切勿使用水、泡沫灭火器灭火,而应该用二氧化碳灭火器、专用防火布、砂土、干粉等灭火。

(3)电器着火:首先关闭电源,再用防火布、干粉、砂土等灭火,不要用水、泡沫灭火器灭火,以免触电。

(4)当身上衣服着火时,切勿惊慌乱跑,应赶快脱下衣服或用专用防火布覆盖着火处,或就地卧倒打滚,也可起到灭火的作用。

三、实验室废液的处理

1.实验中经常会产生某些有毒的气体、液体和固体,都需要及时排弃,特别是某些剧毒物质,如果直接排出就可能污染周围空气和水源,污染环境,损害人体健康。因此,对废液、废气和废渣要经过一定的处理后,才能排弃。

2.产生少量有毒气体的实验应在通风橱内进行,通过排风设备将少量毒气排到室外(使排出气在外面大量空气中稀释),以免污染室内空气。产生毒气量大的实验必须备有吸收或处理装置。如二氧化氮、二氧化硫、氯气、硫化氢、氟化氢等可用导管通入碱液中,使其大部分吸收后排出,一氧化碳可点燃转化成二氧化碳。少量有毒的废渣常埋于地下(应有固定地点)。下面主要介绍几种常见废液的一般处理方法。

(1)实验中通常大量的废液是废酸液。废酸缸中的废酸液可先用耐酸塑料网纱或玻璃纤维过滤,滤液加碱中和,调 pH 至 6~8 后就可排出。少量滤渣可埋于地下。

(2)实验中含铬废液量大的是废铬酸洗液。可以用高锰酸钾氧化法使其再生,继续使用。氧化方法:先在 110~130 ℃下不断搅拌加热浓缩,除去水分后,冷却至室温,缓缓加入高锰酸钾粉末。每 1 000 mL 废洗液加入 10 g 左右,直至溶液呈深褐色或微紫色但不要过量。边加边搅拌直至全部加完,然后直接加热至溶液变成橙红色,停止加热。稍冷,通过玻璃砂芯漏斗过滤,除去沉淀;冷却后析出红色三氧化铬沉淀,再加适量硫酸使其溶解即可使用。少量的废洗液可加入废碱液或石灰使其生成氢氧化铬(Ⅲ)沉淀,将此废渣埋于地下。

(3)氰化物是剧毒物质,含氰废液必须认真处理。少量的含氰废液可先加氢氧化钠调至 pH>10,再加入漂白粉,使 CN^- 氧化成氰酸盐,并进一步分解为二氧化碳和氮气。

(4)含汞盐废液应先调 pH 至 8~10 后,加适当过量的硫化钠,生成硫化汞沉淀,并加硫酸亚铁而生成硫化亚铁沉淀,从而吸附硫化汞共沉淀下来。静置后分离,再离心,过滤;清液含汞量可降到 0.02 mg·L⁻¹ 以下,排放。少量残渣可埋于地下,大量残渣可用焙烧法回收汞,但要注意一定要在通风橱内进行。

(5)对含重金属离子的废液,最有效和最经济的处理方法是:加碱或硫化钠把重金属离子变成难溶性的氢氧化物或硫化物而沉积下来,再过滤分离,少量残渣可埋于地下。

第三章　无机化学实验常用仪器介绍

仪器	规格	用途	注意事项
试管　具支试管	分硬质、软质,有刻度、无刻度,有支管、无支管等 　无刻度试管一般以管口直径(mm)×长度(mm)表示,有刻度试管按容量表示	1.少量试剂的反应器,便于操作和观察 　2.收集少量气体的容器 　3.具支试管可用于装配气体发生器、洗气装置和检验气体产物	1.可直接用火加热,当加强热时要用硬质试管,加热后不能骤冷 　2.加热时应用试管夹夹持
离心试管	分有刻度和无刻度,有刻度的以容量表示,如 5 mL、10 mL 等	少量试剂的反应器,还可用于分离沉淀	1.不可直接加热,只能用水浴加热 　2.离心时,把离心试管插入离心机的套管内进行离心分离,应保持离心机转动平衡
烧杯	分硬质、软质、有刻度、无刻度 　以容量表示,如 50 mL、100 mL、250 mL、500 mL 等	1.反应器,反应物易混合均匀 　2.配制溶液 　3.物质的加热溶解 　4.蒸发溶剂或从溶液中析出晶体、沉淀	1.加热前要将烧杯外壁擦干,加热时要置于石棉网上,使受热均匀 　2.反应液体不得超过烧杯容量的2/3,以免液体外溢
量筒	以能够量出的最大容量表示,如 10 mL、50 mL、100 mL、500 mL 等	量取液体	1.不能加热,不能用作反应容器,不能用作配制溶液或稀释酸碱的容器 　2.不可量热的溶液或液体
石棉网	由铁丝编成,中间涂有石棉,其大小按石棉层的直径表示,如 10 cm、15 cm 等	加热玻璃器皿时,垫上石棉网,使受热物质均匀受热,不致造成局部过热	不能与水接触,以免石棉脱落或铁丝生锈
锥形瓶（三角烧瓶）	分有塞、无塞等 　以容量表示,有 50 mL、100 mL、250 mL 等	1.反应器,振荡方便,适用于滴定反应等 　2.装配气体发生器	1.盛液不宜太多,以免振荡时溅出 　2.加热时要置于石棉网上或置于水浴中

仪器	规格	用途	注意事项
容量瓶	按颜色分棕色和无色两种 以刻度以下的容量表示并注明温度,如 50 mL、100 mL、250 mL、500 mL 等	配制标准溶液,配制试样溶液或用作溶液的定量稀释	1.不能加热,不能用毛刷洗刷 2.磨口瓶塞是配套的,不能互换(也有配塑料塞的) 3.不能代替试剂瓶用来存放溶液
平底烧瓶　圆底烧瓶　蒸馏烧瓶	分硬质和软质,有平底、圆底、长颈、短颈、细口、厚口、普通型和标准磨口型等 以容量表示,如 100 mL、250 mL、500 mL 等	1.用作反应物多,且需长时间加热的反应器 2.装配气体发生器 3.蒸馏烧瓶用于液体蒸馏	1.加热前外壁要擦干 2.加热时固定在铁架台上,并置于石棉网上,使受热均匀
滴瓶　细口瓶　广口瓶	按颜色分无色、棕色,按瓶口分细口瓶、广口瓶,有磨口和不磨口之分 瓶口上有磨砂而不带塞的广口瓶叫集气瓶 容量有 60 mL、125 mL、250 mL 等	1.滴瓶、细口瓶盛放液体试剂,广口瓶盛放固体试剂 2.棕色瓶盛放见光易分解或不太稳定的试剂 3.集气瓶用于收集气体	1.滴管及瓶塞均不得互换 2.盛放碱液时,细口瓶要用橡皮塞,滴瓶要改用套有滴管的橡皮塞 3.浓酸或其他会腐蚀胶头的试剂如溴等,不能长期存放在滴瓶中 4.具有磨口塞的试剂瓶不用时洗净后在磨口处垫上纸条 5.集气瓶收集气体后,用毛玻璃片盖住瓶口,以免气体逸出
称量瓶	分高型、低型两种 以瓶高(mm)×瓶径(mm)表示,如 40×20、60×30、25×40 等	用于减量法称量试样 低型称量瓶也可用于测定水分	1.不能直接加热 2.盖子是磨口配套的,不能互换 3.不用时应洗净,在磨口处垫上纸条
干燥管	有单球、双球之分	内装干燥剂,用于干燥气体	1.干燥剂置于球形部分,不宜过多 2.球形上、下部要填放少许玻璃纤维,避免气流将干燥剂粉末带出 3.大口进气,小口出气

仪器	规格	用途	注意事项
干燥器	按颜色分为无色和棕色两种　　以内径大小表示，如 100 mm、150 mm、200 mm 等	内放干燥剂。用于存放易吸湿的物质，也用于存放已经烘干或灼热后的物质和灼烧过的坩埚，以防返潮	1.灼热的物品稍冷后才能放入，防止盖子滑动而打破　　2.放入的物品未完全冷却前要每隔一定时间开一开盖子，以调节干燥器内的气压　　3.要按时更换干燥剂
研钵	瓷质，也有玻璃、玛瑙或铁制品　　以口径大小表示，如 60 mm、75 mm、90 mm 等	磨细药品或将两种或多种固态物质通过研磨混匀　　按固体的性质和硬度选用	1.不能作反应容器　　2.只能研磨不能捣碎（铁研钵除外），放入物质的量不宜超过容量的 1/3　　3.易爆物质不能在研钵中研磨
试管架	有木质、铝质或塑料制品，有不同形状和大小	放试管用	加热的试管要稍冷后放入架中，铝质试管架要防止酸、碱腐蚀
试管夹	有木制和金属制品	用于加热时夹持试管	1.夹在试管上端（离管口约 2 cm 处）　　2.要从试管底部套上或取下试管，不得横着套进套出　　3.加热时手握试管夹的长柄，不要同时握住长柄和短柄
坩埚钳	铁或铝合金制品，表面常镀镍或铬	灼烧或加热坩埚时，夹持热的坩埚用	1.不要和化学药品接触，以免腐蚀　　2.使用铂坩埚时，所用坩埚钳尖端要包有铂片　　3.用后钳尖应向上放在桌面或石棉网上
漏斗架	木制，有螺丝可固定于铁架台或木架上	用于过滤时支持漏斗	活动的有孔板不能倒放

仪器	规格	用途	注意事项
洗气瓶	有直管式、多孔式 以容量表示,有 125 mL、250 mL、500 mL 等	用于洗涤、净化气体,也可用作安全瓶或缓冲瓶	1.注意气体走向 2.洗涤液用量为容器高度的 1/3,不得超过 1/2,防止压强过大,气体不易通过
表面皿	以直径表示,有 45 mm、65 mm、75 mm、90 mm 等	盖在烧杯上防止液体在加热时迸溅,或晾干晶体等	不能用火直接加热
蒸发皿	多为瓷质制品 以口径表示,有 60 mm、80 mm、95 mm,也有以容量表示的	用于溶液蒸发、浓缩和结晶,随液体性质的不同,可选用不同质地的蒸发皿	1.能耐高温,但不能骤冷 2.蒸发溶液时,一般放在石棉网上加热,也可直接用火加热
坩埚	常用的为瓷质,也有石英、铁、镍、或铂等制品 以容量表示,如 25 mL、50 mL 等	用于灼烧固体,随固体性质的不同可选用不同质地的坩埚,如灼烧碱(NaOH)应选用铁坩埚	1.放在泥三角上直接灼烧,瓷坩埚受热温度不得超过 1 473 K 2.加热或反应完毕后取下坩埚时,坩埚钳应预热,或者待坩埚稍冷后再取下,以防骤冷而使坩埚破裂;取下的坩埚应放在石棉网上,防止烫伤桌面
铁架台 持夹　单爪夹　铁圈　铁架台	铁制品,铁夹也有铝制的,夹口常套橡胶或塑料 铁圈以直径表示,有 6 cm、9 cm、12 cm 等	装配仪器时,用于固定仪器 铁圈还可代替漏斗架使用	仪器固定在铁架台上时,仪器和铁架的重心应落在铁架台底盘中心
三脚架	铁制品,有大小、高低之分	放置较大或较重的加热容器	三角架的高度是固定的,一般是通过调整酒精灯的位置,使氧化焰刚好加热容器的底部

仪器	规格	用途	注意事项
泥三角	用铁丝弯成,套有瓷管,有大小之分	用于搁置坩埚加热	1.使用前应检查铁丝是否断裂 2.选用时,要使搁在上面的坩埚有1/3在泥三角的上部,2/3在泥三角的下部
毛刷	以洗刷对象的名称表示,如试管刷、烧瓶刷、滴定管刷等	用于洗刷玻璃仪器	小心刷子顶端的铁丝捅破玻璃仪器的底部
燃烧匙	铁制品或铜制品	用于检验物质可燃性,或进行固体和气体的燃烧反应	1.伸入集气瓶时,应由上而下慢慢放入,不要触及瓶壁 2.用毕应立即洗净并干燥
药匙	由牛角、金属或塑料制成	取固体药品用,药匙两端各有一个勺,一大一小,根据用药量大小分别选用	1.大小的选择应以盛取试剂后能放进容器口为准 2.取用一种药品后,必须洗净并擦干后才能取用另一种药品
洗瓶	由塑料、玻璃制成	1.盛蒸馏水洗涤沉淀和容器 2.塑料洗瓶使用方便、卫生,故广泛使用	塑料洗瓶不能加热
点滴板	瓷制 分白色、黑色、十二凹穴、九凹穴、六凹穴等	用于点滴反应及一般不需分离的沉淀反应,尤其是显色反应	白色沉淀用黑色板,有色沉淀用白色板
短颈 长颈 漏斗　直形 环形 球形 安全漏斗	普通漏斗以口径大小表示,如 40 mm、60 mm 漏斗的锥形底角为60° 安全漏斗分直形、环形和球形	1.用于过滤或往直径小的容器中注入液体 2.安全漏斗用于加液和装配气体发生器	1.不能用火直接加热 2.在气体发生器中安全漏斗作加液用时,漏斗颈应插入液面内(液封),防止气体从漏斗逸出

仪器	规格	用途	注意事项
分液漏斗　滴液漏斗	以容量表示,如 60 mL、125 mL、250 mL 等;按形状,有球形、梨形、筒形、锥形	1.分液漏斗用于互不相溶的液－液分离,用于从溶液中萃取某种成分或从液体产物中洗去杂质;在气体发生器装置中,用于加入液体试剂 2.滴液漏斗主要用于添加液体试剂,滴加速度易于控制,也便于观察	1.不能用火直接加热 2.漏斗上的磨口塞、活塞不能互换,旋塞处不能漏液
移液管　吸量管	玻璃质 　移液管为单刻度,吸量管有分刻度 　规格以刻度最大标度(mL)表示	用于精确移取一定体积的液体	不能加热
酸式　碱式 滴定管	玻璃质,分酸式和碱式两种;管身颜色为棕色或无色	用于滴定,或用于量取较准确体积的液体	不能加热及量取热的液体,不能用毛刷洗涤内管壁 　酸、碱管不能互换使用 　酸管及其玻璃活塞配套使用,不能互换
抽滤瓶(吸滤瓶)布氏漏斗	布氏漏斗为瓷质,以直径大小表示 　吸滤瓶为玻璃制品,以容量大小表示,有 250 mL、500 mL 等	两者配套使用,用于无机制备中晶体或沉淀的减压过滤	1.不能直接加热 2.滤纸既要略小于漏斗的内径,又要把底部小孔全部盖住,以免漏滤 3.先抽气,后过滤,停止过滤时要先放气,后关泵
坩埚式　漏斗式 砂芯漏斗	漏斗为玻璃质,砂芯滤板为烧结陶瓷 　其规格以砂芯板孔的平均孔径(μm)和漏斗的容积(cm³)表示	用作细颗粒沉淀以及细菌的分离,也可用于气体洗涤和扩散实验	不能用于含氢氟酸、浓碱液及活性炭等物质体系的分离,避免腐蚀而造成微孔堵塞或沾污 　不能直接用火加热 　用后应及时洗涤

第四章　化学实验中的数据记录与处理

一、测量误差与有效数字

化学是一门实验科学。实验工作大部分是定量地研究因果关系,这就要涉及物理量的测量。例如我们测量的重量、体积、密度、浓度、压强等都是物理量。在测定某一物理量时,往往要求实验结果具有一定的准确度,否则,将导致错误的结论。由于受分析方法、测量仪器、所用的试样和分析工作者主观条件等方面的限制,所得结果不可能绝对准确,总伴有一定的误差。

1.误差与准确度

准确度是指实验测定值(X)与真实值(T)之间的符合程度,常用误差的大小来衡量。误差有绝对误差和相对误差。绝对误差是指测定值与真实值之间的差值,用"E"来表示。相对误差是指绝对误差占真实值的百分率,用"$RE(\%)$"表示。即:

绝对误差:$E=X-T$　　相对误差:$RE(\%)=E/T\times100$

误差越小,表示实验结果与真实值越接近,测定的准确度也越高。与绝对误差相比,相对误差更能反映出实验结果的准确程度,因此,在滴定分析中多采用相对误差来表示测量的准确度。

2.偏差与精密度

精密度是指多次重复测定的结果相互接近的程度,是保证准确度的前提。偏差是指各次测定的结果和平均值($\bar{x}$)之间的差值。偏差越小,精密度越高。

偏差分为绝对偏差(d)、相对偏差(Rd)、平均偏差($\bar{d}$)和相对平均偏差$Rd(\%)$,它们的表达式为:

绝对偏差 $d=X-\bar{x}$;

相对偏差 $Rd=\dfrac{d}{\bar{x}}\times100\%$;

平均偏差 $\bar{d}=(|d_1|+|d_2|+|d_3|+\cdots+|d_n|)/n=\sum|d_i|/n$;

相对平均偏差 $Rd(\%)=\bar{d}\times100/\bar{x}=\sum|d_i|\times100/(n\bar{x})$。

对于一般的滴定分析来讲,因测定次数不多,故常用相对平均偏差来表示实验的精密度。

3.误差的产生与减免

在分析过程中,误差是客观存在的。在一定条件下的测定结果只能趋近于真实值,而不能达到真实值。因此,我们不仅要得到被测组分的含量,而且必须对分析结果进行评价,判断分析结果的准确性(可靠程度),检查产生误差的原因,采取减小误差的有效措施,从而不断提高分析结果的准确程度。根据误差的性质与产生的原因,可将误差分为系统误差和偶然误差两类。

(1)系统误差(诸如方法误差、仪器误差、试剂误差、操作误差等),是由于分析过程中某些经常发生的原因造成的。它对分析结果的影响比较固定,在同一条件下,重复测定时,会重复出现。例如天平、砝码和量器刻度不够准确,滴定管读数偏高或偏低,某种颜色的变化辨别不够敏锐等造成的误差都属于系统误差。减小系统误差往往是一个非常重要而又比较难以处理的问题。应根据产生系统误差的不同原因,采用不同的方法去检验和减小它。检验系统误差的有效方法是对照试验,即用已知结果的试样与待测试样一起进行对照试验,或用其他可靠的分析方法进行对照试验。减小系统误差的常用方法是空白试验。所谓空白试验,就是在不加试样的情况下,用与待测试样相同的操作步骤和条件进行试验。试验所得结果称为空白值。从试样测量结果中扣除空白值,就得到比较可靠的结果。对于仪器不准引起的系统误差,可以通过校准仪器来减小其影响。例如砝码、滴定管和移液管等,在精确测量中,必须事先校准,并在计算结果时采用校正值。

(2)偶然误差是由于某些偶然的因素,如测定时环境的温度、湿度和气压的微小波动,仪器性能的微小变化等引起的,其影响时大时小,时正时负。偶然误差难以察觉,但有规律可循。大小相等的正负误差出现的几率相等,小误差出现的机会多,大误差出现的机会少,而特别大的误差出现的几率则非常小。实验表明,在测定次数较少时,偶然误差随测定次数的增加而迅速减小。在系统误差很小的情况下,平行测量的次数越多,所得的平均值就越接近真实值,偶然误差对平均值的影响也就越小。因此,通常要求平行测量 2~4 次以上,以获得较准确的测量结果。

此外,有时还可能由于分析工作者的粗心大意,或不按操作规程操作造成误差。例如,滴定时,滴定管活塞松动,溶液溅失,加错试剂,读数、记录和计算错误等等,这些都是不应有的过失。只要我们在操作中认真细心地严格遵守操作规程,这些错误是可以避免的。在分析工作中出现较大误差时,应查明原因。如是由过失所引起的错误,则应将该次测定结果弃去不用。

4.有效数字

(1)有效数字位数的确定

化学实验离不开测量,测量是借助仪器读取数据,故测量的结果总有误差。那么,实验中如何读取数据,测得的数据如何进行运算,才能既方便又具有合理的准确度呢?这就是有效数字及其运算所要讨论的问题。

有效数字是实际能够测量到的数字。到底要读取几位有效数字,要根据测量仪器和观察的精确程度来决定。例如,在台秤上称量某物为 7.8 g,因为台秤一般只能准确到 0.1 g,所以该物的质量可表示为(7.8±0.1)g,它的有效数字是两位。在用最小刻度为 1 mL 的量筒测量液体体积时,测得体积为 17.5 mL 其中 17 mL 是直接由量筒的刻度读出的,而 0.5 mL 是估计的,所以该液体在量筒中的准确读数可表示为(17.5±0.1)mL,它的有效数字是三位。可见,有效数字与仪器的精确程度有关,其最后一位数字是估计的(可疑数),其他数字都是准确的。因此,在记录测量数据时,任何超过或低于仪器精确程度的有效位数的数字都是不恰当的。如果在台秤上称得某物的质量为 7.8 g,不可记为 7.800 g,在分析天平称得某物的质量为 7.800 0 g,亦不可记为 7.8 g,因为前者夸大了仪器的精确度,后者缩小了仪器的精确度。

有效数字中的“0”具有双重意义。若作为普通数字使用,它就是有效数字;若作为定位用,则不是有效数字。例如,滴定管读数 25.00 mL,两个“0”都是测量数字,都是有效数字,此有效数字为四位。若改用升表示则是 0.025 00 L,这时前面的两个“0”仅起定位作用,不是有效数字,此数仍是四位有效数字。改变单位不应改变有效数字的位数。在分析中常见的 pH、pK 和 lgK 等对数值,有效数字的位数仅取决于小数部分的位数,因整数部分只说明该真数中 10

的方次数。例如 pH＝10.68，其有效数字为两位，而不是四位，因其真数即$[H^+]=2.1\times10^{-11}$ mol·L^{-1}是两位有效数字。至于在测定和分析中遇到一些倍数和分数的关系，如 Na_2CO_3 与 HCl 反应时物质的量的关系为 $n_{Na_2CO_3}=\dfrac{1}{2}n_{HCl}$，其中分母中的"2"并不意味着只有一位有效数字。它是自然数，非测量所得，应视为无限多位有效数字。

在记录实验数据和有关化学数据的计算中，要特别注意有效数字的运用，否则会使计算结果不准确。

表 4-1　常用仪器的精度

仪器名称	仪器精度	例子	有效数字
托盘天平	0.1 g	15.6 g	3 位
分析天平	0.000 1 g	15.606 8 g	6 位
10 mL 量筒	0.1 mL	8.5 mL	2 位
100 mL 量筒	1 mL	96 mL	2 位
移液管	0.01 mL	25.00 mL	4 位
滴定管	0.01 mL	50.00 mL	4 位
容量瓶	0.01 mL	50.00 mL	4 位

（2）有效数字的运算规则

①加减运算　在进行加减运算时，所得结果的小数点后面的位数应该与各加减数中小数点后面位数最少者相同。

例如，0.023 1、24.57 和 1.168 32 三个数相加，24.57 的数值小数点后位数最少，故其他数值也应取小数点后两位，其结果是

$$0.02+24.57+1.17=25.76$$

②乘除运算　在进行乘除运算时，所得的有效数字的位数，应与各数中最少的有效数字位数相同，而与小数点的位置无关。

例如，0.023 1、24.57 和 1.168 32 三个数相乘，0.023 1 的有效数字最少，只有 3 位，故其他数字也只取 3 位。运算的结果也保留 3 位有效数字：

$$0.023\ 1\times24.6\times1.17=0.665$$

③对数运算　在对数运算中，真数有效数字的位数与对数的尾数的位数相同，而与首数无关。首数是供定位用的，不是有效数字。

例如，lg 9.6 的真数有两位有效数字，则对数应为 0.98，不应该是 0.982 或 0.982 3；又如 $[H^+]$ 为 3.0×10^{-2} mol·L^{-1}时，pH 应为 1.52。

④平方、立方、开方运算　计算结果的有效数字位数应和原数的相同。

在计算时，为简便起见，可以在进行计算前就将各数值简化，再进行计算。需要说明的是，在进行计算的中间过程中，可多保留一位有效数字，以消除简化数字中累积的误差。只有在涉及直接或间接测定的物理量时才考虑有效数字，对那些不测量的数值如 $\sqrt{2}$、$\dfrac{1}{2}$ 等不连续物理量以及从理论计算出的数值（如 π、e 等）没有可疑数字。其有效数字位数可以认为是无限的，所以取用时可以根据需要保留。其他如相对原子质量、摩尔气体常数等基本数值，如需要的有

效数字少于公布的数值,可以根据需要保留数值。

二、实验数据记录

对实验过程中的各种测量数据,应及时、准确而清楚地记录下来,切忌带有主观因素,不能随意拼凑和伪造数据。实验数据应用黑色水笔填入原始实验数据表,文字表格应整齐清洁。对于实验现象要如实整齐地填入实验预习报告中所预留的空白处。

在实验过程中,如果发现数据算错、测错或读错而需要改动,可在该数据上画一横线,并在其上方写上正确的数字。

实验数据记录表如下表所示:

原始实验数据记录表(无机化学实验)

姓 名		学 号	
班 级		实验日期	
实验名称			
同 组 人			

原始实验数据记录:

指导教师签名:

年 月 日

注:实验数据记录应真实可靠,不得用铅笔记录数据,最好用黑色水笔。

第二部分

基本操作实验

实验1　仪器的认领和洗涤

❋**实验目的**

　　熟悉无机化学实验室规则和要求;领取无机化学实验常用仪器,熟悉其名称、规格,了解使用注意事项;学习并练习常用仪器的洗涤和干燥方法。

☞ 基本操作

一、认领仪器

按附注仪器清单逐个认识和领取无机化学实验中常用仪器。

二、玻璃仪器的洗涤

1.振荡水洗

注入少于一半的水,稍用力振荡后把水倒掉。照此连洗数次。

(1)烧瓶的振荡　　　　　　　　　(2)试管的振荡

图 1-1　振荡水洗

2.如内壁附有不易洗掉的物质,可用毛刷刷洗。

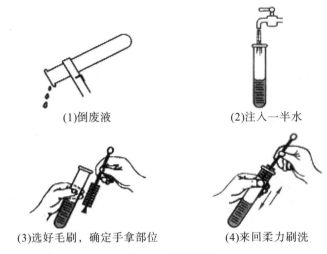

(1)倒废液　　　　　　　　(2)注入一半水

(3)选好毛刷，确定手拿部位　　(4)来回柔力刷洗

图 1-2 毛刷刷洗

3.刷洗后,再用水连续振荡数次,必要时还应用蒸馏水淋洗三次。

(1)洗净:水均匀分布(不挂水珠)　　(2)未洗净:器壁附着水珠(挂水珠)

图 1-3 洗净标准

　　玻璃仪器里如附有不溶于水的碱、碳酸盐、碱性氧化物等可先加 6 mol·L^{-1}盐酸溶解,再用水冲洗。附有油脂等污物可先用热的纯碱液洗,然后用毛刷刷洗,也可用毛刷蘸少量洗衣粉刷洗。对于口小、管细的仪器,不便用刷子洗,可用少量王水或重铬酸盐洗液(见附注二)涮洗。用以上方法清洗不掉的污物可用较多的王水或洗液浸泡,然后用水刷洗。要禁止如图1-4所示的操作。

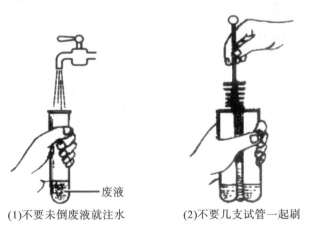

(1)不要未倒废液就注水　　　(2)不要几支试管一起刷

图 1-4 不正确的操作

思考题：

指出图 1-4 操作中的错误之处。为什么？

课堂练习：

用水或洗衣粉(肥皂)将领取的仪器洗涤干净，抽取两件交教师检查。将洗净后的仪器合理存放于实验柜内。

三、仪器的干燥(图 1-5)

(1)晾干

(2)烤干(仪器外壁擦干后，用小火烤干，同时要不断地摇动使受热均匀)

(3)吹干

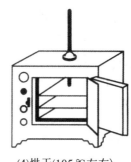

(4)烘干(105 ℃左右)

(5)气流烘干

(6)快干(有机溶剂法)
(先用少量丙酮或酒精使内壁均匀润湿一遍，再用少量乙醚使内壁均匀润湿一遍后晾干或吹干。丙酮或酒精、乙醚等应回收)

图 1-5　仪器的干燥

思考题：

1.烤干试管时为什么管口要略向下倾斜？

2.带有刻度的计量仪器为什么不能用加热的方法进行干燥？

附注：

一、仪器清单

序号	名称	规格	数量	序号	名称	规格	数量
①	烧杯	250 mL	2个	⑫	试管刷	—	1把
②	烧杯	100 mL	2个	⑬	试管架	—	1个
③	试管	15 mm×150 mm	5支	⑭	表面皿	6～8 cm	1块
④	小试管	10 mm×80 mm	5支	⑮	蒸发皿	60 mL	1只
⑤	离心试管	10 mL	5支	⑯	量筒	10 mL	1只
⑥	漏斗	6 cm	1个	⑰	锥形瓶	250 mL	2只
⑦	石棉网	—	1块	⑱	酒精灯	—	1盏
⑧	移液管架	—	1个	⑲	酸式滴定管	25 mL	1支
⑨	试剂瓶	500 mL	1个	⑳	碱式滴定管	25 mL	1支
⑩	洗耳球	—	1个	㉑	容量瓶	250 mL	1个
⑪	试管夹	—	1个	㉒	移液管	20 mL 25 mL	1支

二、仪器附着物的洗涤法

根据黏附在器壁上的某种物质的性质，"对症下药"采用适当的药品来处理。下面介绍几种常见的处理方法。

黏附在器壁上的二氧化锰可用少量草酸加水并加几滴浓硫酸来处理。其反应方程式如下：

$$MnO_2 + H_2C_2O_4 + H_2SO_4 = MnSO_4 + 2CO_2\uparrow + 2H_2O$$

附在器壁上的硫磺用煮沸的石灰水清洗。反应方程式如下：

$$3Ca(OH)_2 + 12S \xrightarrow{煮沸} 2CaS_5 + CaS_2O_3 + 3H_2O$$

铜或银附在器壁上，用硝酸处理。难溶的银盐可以用硫代硫酸钠溶液洗。

硫酸钠或硫酸氢钠的固体残留在容器内，加水煮沸使它溶解，趁热倒出。（因此，某些试验中有这两种物质生成时，就要在实验完毕后趁热倒出来，否则冷却后结成硬块，不容易洗去。）

煤焦油污迹可用浓碱浸泡一段时间（约一天），再用水冲洗。

瓷研钵内污迹，可取少量食盐水放在其中研磨，倒去食盐水后，再用水洗。

蒸发皿和坩埚上的污迹，可用浓硝酸或王水或重铬酸盐洗液洗涤。

重铬酸盐洗液的具体配法：将 25 g 重铬酸钾固体在加热条件下溶于 50 mL 水中，然后向溶液中加入 450 mL 浓硫酸，边加边搅动。切勿将重铬酸钾溶液加到浓硫酸中。

重铬酸盐洗液可反复使用，直至溶液变为绿色时失去去污能力，不能继续使用。因 Cr(Ⅵ) 具有致癌性，近年来重铬酸盐洗液已很少使用。

王水为一体积浓硝酸和三体积浓盐酸的混合液，因王水不稳定，所以使用时应现用现配。

近年来有人用洗涤精（灵）洗涤玻璃仪器，同样能获得较好的效果。

实验 2　试剂的取用和试管操作

> ❊**实验目的**
> 　　学习并掌握固体和液体试剂的取用方法；练习并掌握振荡试管和加热试管中固体和液体的方法。

☞ 实验用品

　　仪器：试管、试管夹、烧瓶、研钵、量筒、蒸发皿、酒精灯、滴管、药匙、石棉网、玻璃棒
　　固体药品：碘、铝粉、氢氧化钠、硫酸铜、葡萄糖
　　液体药品：亚甲蓝(1%)、硫酸镍($0.2\ mol \cdot L^{-1}$)、乙二胺(25%)、丁二酮肟(1%)

☞ 基本操作

一、试剂瓶的种类

1.细口试剂瓶

　　用于保存试剂溶液，通常有无色和棕色两种，遇光易变化的试剂(如硝酸银)用棕色瓶装。通常为玻璃制品，也有聚乙烯制品。玻璃瓶的磨口塞各自成套，注意不要混淆，聚乙烯瓶盛苛性碱较好。

2.广口试剂瓶

　　用于装少量固体试剂，也有无色和棕色两种。

3.滴瓶

　　用于盛逐滴滴加的试剂，如指示剂等。也有无色和棕色两种。使用时用中指和无名指夹住乳胶头和滴管的连接处，捏住(松开)胶头，以吸取或放出试液。

4.洗瓶

　　内盛蒸馏水，主要用于洗涤沉淀。原来是玻璃制品，目前几乎由聚乙烯瓶代替，只要用手捏一下瓶身即可出水。

二、试剂瓶塞子打开的方法

　　1.欲打开市售固体试剂瓶上的软木塞时，可手持瓶子，使瓶斜放在实验台上，然后用锥子斜着插入软木塞将塞取出。即使有时有软木塞渣附在瓶口，因瓶是斜放的，渣也不会落入瓶中，可用滤纸擦掉。

　　2.盐酸、硫酸、硝酸等液体试剂瓶，多用塑料塞(也有用磨口玻璃塞的)。塞子打不开时，可用热水浸过的布裹住塞子的头部，然后用力拧，一旦松动，就能拧开。

3.细口试剂瓶塞也常有打不开的情况,此时可在水平方向用力转动塞子或左右交替横向用力摇动塞子。若仍打不开时,可紧握瓶的上部,用木柄或木锤从侧面轻轻敲打塞子,也可在桌端轻轻叩敲。请注意,绝不能手握下部敲打或用铁锤敲打。

用上述方法还打不开塞子时,可用热水浸泡瓶的颈部(即塞子嵌进的部分),也可用热水浸过的布裹着,玻璃受热后膨胀,再仿照前面做法拧松塞子。

三、试剂的取用方法

每个试剂瓶上都必须贴有标签,以标明试剂的名称、浓度和配制日期,并在标签外面涂上一薄层蜡来保护它。

取用试剂药品前,应看清标签。取用时,先打开瓶塞,将瓶塞倒放在实验台上。如果瓶塞上端不是平顶而是扁平的,可用食指和中指将瓶塞夹住(或放在清洁的表面皿上),绝不可将它横置桌上以免沾污。不能用手接触化学试剂。应根据用量取用试剂,不必多取,这样既能节约药品,又能取得好的实验结果。取完试剂后,一定要把瓶塞盖严,绝不允许将瓶盖张冠李戴。然后把试剂瓶放回原处,以保持实验台整齐干净。

1.固体试剂的取用

(1)要用清洁、干燥的药匙取试剂。药匙的两端为大小两个匙,分别用于取大量固体和取少量固体。应专匙专用。用过的药匙必须洗净擦干后才能再使用。

(2)注意不要超过指定用量取药,多取的不能倒回原瓶,可放在指定的容器中供他人使用。

(3)要取用一定质量的固体试剂时,可把固体放在干燥的纸上称量。具有腐蚀性或易潮解的固体应放在表面皿上或玻璃容器内称量。

(4)往试管(特别是湿试管)中加入固体试剂时,可用药匙或将取出的药品放在对折的纸片上,伸进试管约2/3处(图2-1、图2-2)。加入块状固体时,应将试管倾斜,使其沿管壁慢慢滑下(图2-3),以免碰破管底。

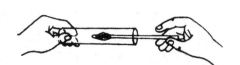

图2-1　用药匙往试管里送入固体试剂

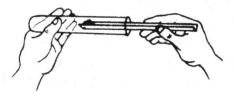

图2-2　用纸槽往试管里送入试剂

图2-3　块状固体沿管壁慢慢滑下

(5)固体的颗粒较大时,可在清洁而干燥的研钵中研碎。研钵中所盛固体的量不要超过研钵容量的 1/3。

(6)有毒药品要在教师指导下取用。

2.液体试剂的取用

(1)从滴瓶中取用液体试剂时,要用滴瓶中的滴管,滴管绝不能伸入所用的容器中,以免接触器壁而沾污药品(图 2-4)。如用滴管从试剂瓶中取少量液体试剂时,则需用附于该试剂瓶的专用滴管取用。装有药品的滴管不得横置或滴管口向上斜放,以免液体流入滴管的橡胶头中。

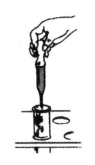

图 2-4 滴液入试管的方法   图 2-5 倾注法

(2)从细口瓶中取用液体试剂时,用倾注法。先将瓶塞取下,倒放在桌面上,手握住试剂瓶上贴标签的一面,逐渐倾斜瓶子,让试剂沿着洁净的试管壁流入试管或沿着洁净的玻璃棒注入烧杯中(图 2-5)。注出所需量后,将试剂瓶口在容器上靠一下,再逐渐竖起瓶子,以免遗留在瓶口的液滴流到瓶的外壁。

(3)在试管里进行某些实验时,取试剂不需要准确用量,只要学会估计取用液体的量即可。例如用滴管取用液体,1 mL 相当于多少滴,5 mL 液体占一个试管容量的几分之几等。试管里溶液的量,一般不超过其容积的 1/3。

(4)定量取用液体时,用量筒或移液管(取法见基本操作实验:溶液的配制)。量筒用于量度一定体积的液体,可根据需要选用不同容量的量筒。量取液体时,要按图 2-6 所示,使视线与量筒内液体的弯月面的最低处保持水平,偏高或偏低都会读不准而造成较大的误差。

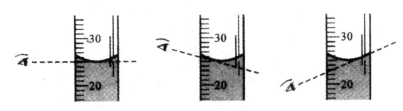

图 2-6 观察量筒内液体的容积

四、试管操作

试管可用作少量试剂的反应容器,便于操作和观察实验现象,因而是无机化学实验中用得最多的仪器,要求熟练掌握,操作自如。

1.振荡试管

用拇指、食指和中指持住试管的中上部,试管略倾斜,手腕用力振动试管,这样试管中的液体就不会振荡出来。如用五个指头握住试管上下或左右振荡,既观察不到实验现象,也容易将试管中的液体振荡出来。

2.试管中液体的加热

试管中的液体一般可直接放在火焰中加热。加热时,不要用手拿,应该用试管夹夹住试管的中上部,试管与桌面约成 60°倾斜,如图 2-7 所示。试管口不能对着别人或自己。先加热液体的中上部,慢慢移动试管,热及下部,然后不时地移动或振荡试管,从而使液体各部分受热均匀,避免试管内液体因局部沸腾而迸溅,引起烫伤。

图 2-7　试管中液体的加热

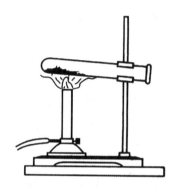

图 2-8　试管中固体的加热

3.试管中固体试剂的加热

将固体试剂装入试管底部,铺平,管口略向下倾斜(图 2-8),以免管口冷凝的水珠倒流到试管的灼烧处而使试管炸裂。先用火焰来回加热试管,然后固定在有固体物质的部位加强热。

☞ 实验内容

通过以下实验重点练习药匙的使用、按量取药、瓶塞取放、试剂瓶的归还、固体试剂加入到试管中的操作和加热方法,以及取用液体试剂常用的倾注法。

一、"蓝瓶子"实验

在烧瓶中加 50 mL 水,溶入 1 g 氢氧化钠和 1 g 葡萄糖,再加入 4 滴 1%的亚甲蓝水溶液。摇匀后,塞住瓶口,静置,溶液逐渐转为无色。打开瓶塞摇动瓶子,观察溶液颜色,放置一会儿,再观察颜色变化。可反复进行。亚甲蓝不仅是氧化还原反应的指示剂,而且还是氧的输送者,起催化作用。

二、硫酸铜颜色转变

在试管内放入几粒 $CuSO_4 \cdot 5H_2O$ 晶体,按前述固体试剂的加热方法实验,等所有晶体变为白色时,停止加热。当试管冷却至室温后加入 $3\sim5$ 滴水,注意颜色的变化,用手摸一下试管,感受试管的温度。

三、五色管实验

取 5 支试管,在每支试管里注入 $1\,mL$ $0.2\,mol \cdot L^{-1}$ $NiSO_4$ 溶液。在第一支试管中滴入 1 滴 25% 乙二胺(en)溶液,在第二支试管中滴入 2 滴 25% 乙二胺溶液,在第三支试管中滴入 3 滴 25% 乙二胺溶液,在第四支试管中注入 $1\,mL$ 1% 丁二酮肟(dmg)溶液,第五支试管作对比颜色用。振荡试管后观察并比较五支试管中配合物的不同颜色。

$$[Ni(H_2O)_6]^{2+} + en \rightarrow [Ni(H_2O)_4(en)]^{2+} + 2H_2O$$
$$[Ni(H_2O)_6]^{2+} + 2en \rightarrow [Ni(H_2O)_2(en)_2]^{2+} + 4H_2O$$
$$[Ni(H_2O)_6]^{2+} + 3en \rightarrow [Ni(en)_3]^{2+} + 6H_2O$$
$$[Ni(H_2O)_6]^{2+} + 2dmg \rightarrow Ni(dmg)_2 + 6H_2O + 2H^+$$

＊四、滴水生烟

取 1 匙碘片置于研钵中研细,然后加 1 匙铝粉(或镁粉,约为碘量的 1/10),共同研磨,混合均匀。将混合物倒在蒸发皿中央,往混合物上滴 $1\sim2$ 滴水,立即用大烧杯盖住蒸发皿(注意所用仪器和药品必须是干燥的),观察现象。

附注:

化学试剂是用以探测其他物质组成、性状及质量优劣的纯度较高的化学物质。化学试剂的纯度级别、类别和性质,一般在标签的左上方用符号注明,规格则在标签的右端,并用不同颜色的标签加以区别。

化学试剂的纯度标准分五种:国家标准,以符号"GB"表示;化学工业部标准,以符号"HG"表示;化学工业部暂行标准,以符号"HGB"表示;地方企业标准;厂定标准。

按照药品中杂质含量的多少,我国生产的化学试剂(通用试剂)的等级标准基本上可分为四级,级别的代表符号、规格标志以及范围如下表所示:

级别	一级	二级	三级	四级
名称	优级纯(保证试剂)	分析纯	化学纯	实验试剂
符号	GR	AR	CP	LR
标签颜色	绿色	红色	蓝色	一般为黄色,也有浅紫色、黑色的
实用范围	最精确的分析和研究工作	精确分析和研究工作	一般工业分析	普通实验及制备实验

应根据实验的不同要求选用不同级别的试剂。一般说来,在一般无机化学实验中,化学纯级别的试剂就已能符合实验要求。但在若干实验中要使用分析纯级别的试剂。

随着科学技术的发展,对化学试剂的纯度要求也愈加严格,愈加专门化,因而出现了具有特殊用途的专门试剂,如高纯试剂 CGS,色谱纯试剂 GC、GLC、HPLC,及生化试剂 BR、CR、EBP 等。

实验3　溶液的配制

> ❋ **实验目的**
> 掌握一般溶液的配制方法和基本操作；学习相对密度计、吸管、容量瓶的使用方法。

☞ 实验用品

仪器：烧杯、吸管、容量瓶、相对密度计、量筒、试剂瓶、称量瓶、分析天平、台秤
固体药品：硫酸铜、氢氧化钠、草酸、氯化钠
液体药品：浓硫酸、醋酸（$2.00\ mol \cdot L^{-1}$）、酒精（95%）

☞ 基本操作

在实验里常常因为化学反应的性质和要求的不同而需配制不同的溶液。如果实验对溶液浓度的准确性要求不高，利用台秤、量筒等低准确度的仪器配制就能满足需要。但在定量测定实验中，往往需要配制准确浓度的溶液，这就必须使用比较准确的仪器如分析天平、吸管、容量瓶等。

一、台秤与分析天平的使用

天平是进行化学实验不可缺少的重要的称量仪器。由于对质量准确度的要求不同，需要使用不同类型的天平进行称量。常用的天平种类很多，如台秤、电光天平、单盘分析天平等。它们都是根据杠杆原理设计而制成的。20世纪90年代开始使用的电子天平则是精确地用电磁力平衡样品的重力，以测得样品的精确质量（一般可精确到万分之一克）。

1.台秤的使用

台秤（又叫托盘天平）常用于一般称量。它能迅速地称量物体的质量，但精确度不高。最大载荷为200 g的台秤能称准至0.2 g，最大载荷为500 g的台秤能称准至0.5 g。

（1）台秤的构造如图3-1所示。台秤的横梁架在台秤座上。横梁的左右有两个盘子。横梁的中部有指针与刻度盘相对，根据指针在刻度盘上左右摆动情况，可以看出台秤是否处于平衡状态。

（2）称量。在称量物体之前，要先调整台秤的零点。将游码拨到游码标尺的"0"位处，检查台秤的指针是否停在刻度盘的中间位置。如果不在中间位置，可调节台秤托盘下侧的平衡调节螺丝。当指针在刻度盘的中间左右摆动大致相等时，台秤即处于平衡状态，此时指针即能停在刻度盘的中间位置，将此中间位置称为台秤的零点。称量时，左盘放称量物，右盘放砝码。砝码用镊子夹取，10 g或5 g以下质量的砝码，可通过移动游码标尺上的游码来代替。当添加砝码到台秤的指针停在刻度盘的中间位置时，台秤处于平衡状态。此时指针所停的位置称为停点。零点与停点相符时（零点与停点之间允许偏差1小格以内），砝码的质量就是称量物的质量。

（3）称量时应注意以下几点：

①不能称量热的物品，要保持台秤整洁。

②化学药品不能直接放在托盘上，应根据情况决定，可将称量物放在已称量的、洁净的表面皿、烧杯或光洁的称量纸上。

③称量完毕，应将砝码放回砝码盒中，将游码拨到"0"位处，并将托盘放在一侧，或用橡皮圈架起，以免台秤摆动。

1.横梁；2.盘；3.指针；4.刻度盘；
5.游码标尺；6.游码；7.平衡调节螺丝
图 3-1　台秤(托盘天平)

2.电子天平的使用

（1）电子天平是天平中最新发展的一类天平，已经逐渐进入化学实验室为学生们所使用。目前使用的主要有顶部承载式和底部承载式电子天平。顶部承载式电子天平是根据磁力补偿原理制造的。最初研制的电子天平是顶部承载式，它的梁采用石英管制得，此梁可保证天平具有极佳的机械稳定性和热稳定性。在此梁上固定着电容传感器和力矩线圈，横梁一端挂有秤盘和机械加码装置。称量时，横梁围绕支承偏转，传感器输出电信号，经整流放大反馈到力矩线圈中，然后使横梁反向偏转恢复到零位，此力矩线圈中的电流经放大并模拟质量数字显示。电子天平称量快捷，使用方法简便，是目前最好的称量仪器。

目前国内试制的电子天平有：WDZK-1 型上皿电子天平，最大载荷 2 000 g，最小读数 0.1 g，数字显示范围 0～2 000 g；QD-1 型电子天平，最大载荷 160 g，最小读数 10 mg，采用 PMOS 集成电路，具有上皿式不等臂式杠杆结构，有磁性阻尼装置，能在几秒内稳定读数；KZT 数字式快速自动天平，最大载荷 100 g，分度值 0.1 mg。除以上介绍的几种外，还有 MD200-1 型、SX-016 型、MD100-1 型、SKT-1 等上皿式电子天平。

图 3-2 是 METTLER 公司的 AE200 型电子天平。其最大载荷 200 g，最小读数 0.1 mg。湖南生产的湘仪—岛津 AEL-200 电子分析天平最大载荷 200 g，读数精度 0.1 mg。

图 3-2　METTLER 公司的 AE200 型电子天平

（2）电子天平的使用方法

①打开天平侧门，将称量容器或称量纸放到托盘上，轻按天平面板上的 Tare 键，电子显示屏上出现"0.0000 g"闪动，待数字稳定下来，表示天平已稳定，进入准备称量状态。

②将样品放到称量容器或称量纸上（化学试剂不能直接接触托盘），关闭天平侧门，待电子显示屏上闪动的数字稳定下来，读取数字，即为样品的称量值。

（3）电子天平的使用规则与维护

①天平室应避免阳光照射，防止腐蚀性气体的侵蚀。天平应放在牢固的台上避免震动。

②天平箱内应保持清洁，要定期放置和更换吸湿变色干燥剂（硅胶）以保持干燥。

③称量物体不得超过天平的载荷。

④不得在天平上称量热的或散发腐蚀性气体的物质。

⑤称量的样品，必须放在适当的容器中或称量纸上，不得直接放在天平盘上。

二、固体试样的称取

用天平称取试样时，一般采用直接法或差减法。

1.直接法

有些固体试样没有吸湿性，在空气中性质稳定，可用直接法称量。

2.差减法

有些试样易吸水或在空气性质不稳定，可用差减法来称取。先在一个干燥的称量瓶中装一些试样，在天平上准确称量，设称得的质量为 m_1。再从称量瓶中倾倒出一部分试样于容器内（如图 3-3），然后再准确称量，设称得的质量为 m_2。前后两次称量的质量之差 $m_1 - m_2$，即为所取出的试样的质量。

图 3-3　倾倒试样

3.称量规则

注意：下面所述规则，称量时必须严格遵守。

（1）工作天平必须处于完好待用状态。不称过冷过热物体，被称物的温度应与天平箱内的温度一致。试样应盛在洁净器皿中，必要时加盖。取放被称物时用纸条，不得徒手操作。要始终保持称量容器内外均是干净的，以免沾污秤盘。要求称量器皿均放在干净的培养皿中。

（2）同一实验中，所有的称量应使用同一台天平，称量的原始数据必须即刻正确地记录在报告本上。称量完毕，一定要检查天平是否一切复原（即称量前天平的完好状态，用塑料罩罩好天平），是否清洁，并在登记本上登记。

三、容量瓶的使用

容量瓶是一种细颈梨形的平底玻璃瓶，带有磨口塞子。颈上有标线，一般表示在 20 ℃时，液体充满到标线时的体积。它主要是用来精确配制一定体积和一定浓度溶液的量器。

容量瓶在使用前应先检查是否漏水。检查的方法：瓶中注入自来水至标线附近，盖好塞子，左手按住塞子，右手拿住瓶底，将瓶倒立片刻，观察瓶塞周围有无漏水现象。不漏水，方可使用。按常规操作将容量瓶洗净。容量瓶的塞子是磨口的，为了防止打破和张冠李戴，一般用线绳或橡皮圈将它系在瓶颈上。

在配制溶液前，应先将称好的固体物质放入干净的烧杯中，用少量的蒸馏水溶解。然后，将杯中的溶液沿玻璃棒小心地转移到容量瓶中,再从洗瓶中挤出少量水淋洗烧杯和玻璃棒 2～3 次,并将每次的淋洗液注入容量瓶中。最后,加蒸馏水到标线处(加水操作要小心,切勿超过标线)。水充满到标线后,再塞好塞子,将容量瓶倒转多次,并在倒转时加以摇动,以保证瓶中溶液浓度上下各部分均匀。如用浓溶液配制稀溶液,为防止稀释放热使溶液溅出,一般应在烧杯中加入少量的蒸馏水,将一定体积的浓溶液沿玻璃棒分数次慢慢地注入水中,同时搅动,待溶液冷却后,再转移到容量瓶中,将每次的淋洗液亦转移到容量瓶中,最后加蒸馏水到标线并摇匀。

容量瓶的使用如图 3-4 所示。

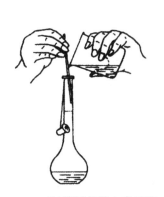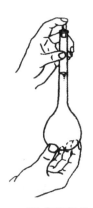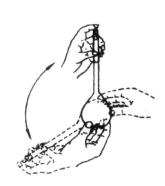

(1)溶液转移入容量瓶　　　　　(2)容量瓶的拿法　　　　　(3)振荡容量瓶

图 3-4　容量瓶的使用

四、吸管(移液管)的使用

吸管是准确量取一定体积液体的仪器。管上刻有容积和测定体积的温度。使用前,依次用洗涤精(或洗液)、自来水、蒸馏水洗至不挂水珠为止,最后用少量被量取的液体润洗三遍。

用吸管吸取溶液时,右手拇指及中指拿住瓶颈标线以上部位,使吸管下端伸入溶液液面下约 1 cm 处,不可伸入太浅或太深(为什么?)。左手持洗耳球,并将其下端尖嘴插入吸管上端口内,然后轻捏洗耳球吸上溶液,眼睛注意液体上升,吸管应随容器中溶液液面的下降而下伸。当溶液上升到标线以上时,迅速用右手食指紧按管口,将吸管尖嘴从液面下取出,靠在容器壁上,然后稍微放松食指,液体流出,当吸管内液面下降到与标线相切时,立即按紧食指,液体不再流出。把吸管移入准备接受溶液的容器中,仍要使其尖嘴接触器壁,并使容器倾斜,移液管直立。抬起食指,使溶液沿壁自由流下,待溶液全部流尽后,取出吸管,但不要将残留在尖嘴内的液体吹出(为什么?[①])。吸管的使用见图 3-5。

*五、相对密度计(比重计[②])的使用

相对密度计是用来测定溶液相对密度的仪器。它是一支中空的玻璃浮柱,上部有标线,下部为一重锤,内装铅粒。根据溶液相对密度的不同而选用相适应的相对密度计。通常将相对

---

① 注意:有的吸管标有"吹"的字样。使用时,需将残留在尖嘴内的液体吹出。因为在制作此种吸管时,已将尖嘴内的液体包括在移取一定体积的溶液之内。

② "比"是国际标准中规范化的形容词,其专门的含义是:在一个广延量名称前的形容词"比"只限于"除以质量"的意义。根据这一原则,相对密度不应再称为"比重",密度也不应称为"比重"。但出于习惯等原因,还有使用"比重"、"比重计"等词的。

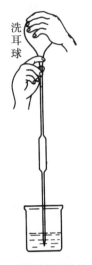 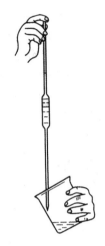

（1）用吸管吸取溶液　　　　　　　（2）放溶液

图 3-5　吸管的使用

密度计分为两种：一种是测量相对密度大于 1 的液体，称作重表；另一种是测量相对密度小于 1 的液体，称为轻表。

　　测定液体相对密度时，将欲测液体注入大量筒中，然后将清洁干燥的相对密度计慢慢放入液体中。为了避免相对密度计在液体中上下沉浮和左右摇动与量筒壁接触以致打破，故在浸入时，应该用手扶住相对密度计的上端，并让它浮在液面上，待相对密度计不再摇动而且不与器壁相碰时，即可读数，读数时视线要与凹液面最低处相切。用完相对密度计要洗净，擦干，放回盒内。由于液体相对密度的不同，可选用不同量程的相对密度计。测定相对密度的方法如图 3-6 所示。

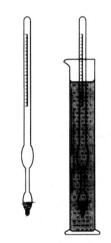

图 3-6　相对密度计和液体相对密度的测定

六、由固体试剂配制溶液

1.质量百分浓度、质量摩尔浓度溶液的配制

　　质量百分浓度（质量分数）：$\omega_B = m_B/m$，其中 ω_B 表示溶质 B 的质量分数，m_B 表示溶质 B 的质量，m 为溶液的质量。

　　质量摩尔浓度：$m_B = n_B/W$，其中 m_B 表示溶质 B 的质量摩尔浓度，n_B 为溶质 B 的物质的量，W 为溶剂的质量，单位为 mol/g。

　　质量浓度：$\rho_B = m_B/V$，ρ_B 表示溶质 B 的质量浓度，m_B 表示溶质 B 的质量，V 为溶液的体积，单位为 g/L

　　先算出配制一定质量溶液所需的固体试剂的用量。用台秤称取所需的固体的质量，倒入烧杯中，再用量筒取所需的蒸馏水，也注入烧杯中，搅动，使固体完全溶解，即得所需的水溶液。将溶液倒入试剂瓶里，贴上标签，备用。

2.物质的量浓度（体积摩尔浓度）溶液的配制

　　物质的量浓度（体积摩尔浓度）：$c_B = n_B/V$，其中 c_B 表示溶质 B 的物质的量浓度，n_B 为溶质 B 的物质的量，V 为溶液的体积，单位为 mol/L。根据实验的需要主要包括粗略配制和精确配制两种。

(1)粗略配制　先算出配制一定体积溶液所需的固体试剂的质量。用台秤称取所需的固体试剂,倒入带有刻度的烧杯中,加入少量蒸馏水搅动使固体完全溶解后,用蒸馏水稀释至刻度①即得所需的溶液。将溶液倒入试剂瓶里,贴上标签,备用。

(2)准确配制　先算出配制给定体积的准确浓度溶液所需固体试剂的用量,并在分析天平上准确称出它的质量,放在干净的烧杯中,加适量蒸馏水使其完全溶解。将溶液转移到容量瓶(与所配溶液体积相应的)中,用少量蒸馏水洗涤烧杯 2~3 次,冲洗液也移入容量瓶中,再加蒸馏水至标线处,盖上塞子,将溶液摇匀即成所配溶液。然后将溶液移入试剂瓶中,贴上标签,备用。

七、由液体(或浓溶液)试剂配制溶液

1.体积百分浓度溶液的配制

体积百分浓度(体积分数):$\varphi_B = V_B/V$,其中 φ_B 表示溶质 B 的体积分数,V_B 为溶质 B 的体积,V 为溶液的体积。

按体积分数,将一定量的溶质与适量的溶剂先混合,使得溶质完全溶解,转移到量筒或量杯中,然后再加溶剂到溶液总体积,最后用玻璃棒搅匀,即成所需的体积分数溶液。将溶液转移到试剂瓶里,贴上标签,备用。

2.物质的量浓度溶液的配制

(1)粗略配制　先用相对密度计测量液体(或浓溶液)试剂的相对密度,从有关的表中查出其相应的百分浓度,算出配制一定体积物质的量浓度溶液所需液体或浓溶液的用量。用量筒量取所需的液体(或浓溶液),注入装有少量水的带有刻度烧杯中,混合,如果溶液放热,需冷却至室温后,再用水稀释至刻度。搅动,使其均匀,然后移入试剂瓶中,贴上标签,备用。

(2)准确配制　由较浓的准确浓度溶液配制较稀的准确浓度溶液的方法是:先算出配制准确浓度溶液所需已知浓度溶液的用量,然后用移液管吸取所需溶液注入给定体积的容量瓶中,再加蒸馏水至标线处,摇匀后,倒入试剂瓶中,贴上标签,备用。

☞ 实验内容

1.由市售 $\varphi_B = 0.95$ 的酒精配制 $\varphi_B = 0.75$ 的药用消毒酒精 95 mL。

2.配制 $\rho_B = 9$ g/L 的氯化钠溶液 100 mL。

3.由市售浓硫酸($\omega_B = 0.98$,$\rho = 1.84$ kg/L)配制 3 mol/L 硫酸溶液 100 mL。

4.配制 100 mL 0.15 mol·L^{-1} 氢氧化钠溶液。

5.配制 250.0 mL 0.050 00 mol·L^{-1} 草酸标准溶液。

☞ 实验习题

1.用浓硫酸配制一定浓度的稀硫酸溶液,应注意什么问题?

2.用容量瓶配溶液时,要不要先把容量瓶干燥?要不要用被稀释溶液洗三遍?为什么?

3.怎样洗涤吸管?用水洗净后的吸管在使用前还要用待吸取的溶液来洗涤,为什么?

---

① 若无带刻度烧杯,可用量筒量取给定体积的蒸馏水,倒入烧杯中,搅动,使其均匀。

4.某同学在配制硫酸铜溶液时,用分析天平称取了硫酸铜晶体的量,用量筒取水配成溶液,此操作对否?为什么?

附注:

　　配制准确浓度溶液的固体试剂必须是,组成与化学式完全符合,并在保存和称量时,其组成和质量稳定不变,而且摩尔质量大的高纯物质,即通常说的基准物质。

　　草酸作为基准物质,其准确浓度的计算公式为:

$$c(H_2C_2O_4 \cdot 2H_2O) = \frac{W}{M \cdot \dfrac{V}{1\,000}}$$

式中:$c(H_2C_2O_4 \cdot 2H_2O)$——草酸的物质的量浓度$(mol \cdot L^{-1})$;

　　　　W——分析天平称取的草酸质量(g);

　　　　M——草酸$(H_2C_2O_4 \cdot 2H_2O)$的摩尔质量$=126.07\ g \cdot mol^{-1}$;

　　　　V——草酸溶液的体积(mL)。

　　在配制溶液时,除注意准确度外,还要考虑试剂在水中的溶解性、热稳定性、挥发性、水解性等因素的影响。某些特殊试剂溶液的配制方法请看本书附录部分。

实验 4 滴定操作

❋**实验目的**

　　通过标定氢氧化钠溶液和盐酸溶液浓度,初步掌握酸碱滴定原理和滴定操作;学习滴定管的使用方法。

☞ 实验用品

　　仪器:吸管、滴定管(碱式、酸式)、锥形瓶、铁架台、滴定管夹、烧杯、洗瓶、洗耳球

　　液体药品:草酸标准溶液(实验 3 中配的)、盐酸($0.1\ mol \cdot L^{-1}$)、NaOH($0.1\ mol \cdot L^{-1}$)、酚酞(1%)、甲基橙(0.1%)

☞ 基本操作

　　滴定管主要用于定量分析作滴定用,有时也能用于精确取液。滴定管分酸式和碱式两种(图 4-1)。

　　酸式滴定管的下端有一玻璃旋塞,开启旋塞酸液即自管内滴出。酸式滴定管用来装酸性溶液或氧化性溶液,但不适用于装碱性溶液。碱性滴定管的下端用橡皮管连接一个带尖嘴的小玻璃管。橡皮管内装有一个玻璃圆球,代替玻璃旋塞,以控制溶液的流出。碱式滴定管用来装碱性溶液或无氧化性溶液。

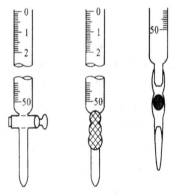

(1)酸式滴定管　(2)碱式滴定管

图 4-1　滴定管

一、用前检查

　　滴定管在使用前要检查是否漏水,旋塞转动是否灵活。碱式滴定管漏水,需更换玻璃球或橡皮管。而酸式滴定管若漏水或旋塞转动不灵活时,则需将旋塞取下,洗净,擦干,然后在塞孔小端约 3 mm 处涂上少许凡士林油[图 4-2(a)]。涂油后,将旋塞对准旋塞槽中央一直插入槽内,插时塞孔应与滴定管平行[图 4-2(b)]。然后向同一方向转动旋塞,直至从外面观察全部透明为止[图 4-2(c)]。

　　若涂油不当,旋塞孔或出口管孔被堵住,需进行清除。方法是:若旋塞孔堵住,取下旋塞,用细金属丝将孔内凡士林油捅出即可。若是出口管孔堵塞,需用水充满全管,将出口管浸在热水中,温热片刻后打开旋塞,使管内水突然冲下,即可把熔化的油带出。也可以用氯仿或四氯化碳溶剂浸溶,将油清除。

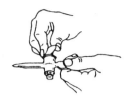

　　（a）旋塞涂油　　　　　　　（b）旋塞安装　　　　　　　（c）转动旋塞

图 4-2　旋塞涂油和转动的手法

二、洗涤

　　滴定管在装溶液前需洗涤，先用自来水洗，然后用少量蒸馏水淋洗 2～3 次。洗净的滴定管内壁应不挂水珠，如果挂水珠，说明有沾污，需用洗涤精刷洗，或用洗液浸洗。

　　用洗涤精（或洗液）洗碱式滴定管时，先取一定量洗涤精（或洗液）倒入 100 mL 烧杯中，把碱式滴定管内的玻璃珠取出，倒置于烧杯中，管口应淹没在液面下，然后用洗耳球从尖嘴一端的橡皮管口抽气，使烧杯中的洗涤精（或洗液）吸入管内，当洗液上升到一定的高度（不要浸入上端的橡皮管）时，用弹簧夹夹紧橡皮管，静置几分钟①。最后松开弹簧夹，使洗涤精（或洗液）流回烧杯中。回收的洗涤精（或洗液）倒入回收瓶中。用洗涤精（或洗液）洗完后，再用自来水冲洗直至流出的水无色，且管内壁不挂水珠，然后用蒸馏水洗 2～3 次，最后用少量的滴定用的溶液淋洗 3 次。

三、装液

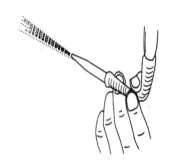

　　将溶液直接从试剂瓶移入滴定管中，到刻度"0"以上，开启旋塞或挤压玻璃球，驱逐出滴定管下端的气泡。将酸式滴定管稍微倾斜，开启旋塞，气泡随溶液流出而被逐出。对碱式滴定管，可将橡皮管稍向上弯曲，挤压玻璃球，使溶液从玻璃球和橡皮管之间的缝隙中流出，气泡即被逐出，如图 4-3 所示。然后将多余的溶液滴出，使管内液面处在"0.00"刻度处。

图 4-3　碱式滴定管逐气泡法

四、滴定

　　将滴定管夹在滴定管夹子上，必须保持垂直，否则读数不准。右手持锥形瓶颈部。使用酸式滴定管时左手的大拇指、食指和中指转动旋塞，使酸液逐滴滴入瓶内，右手不断摇动锥形瓶（图 4-4），以使溶液混合均匀。使用碱式滴定管时，用左手挤压橡皮管内的玻璃球（图 4-5）。要学会控制溶液流速的三种方法，即连续式滴加、间隙式滴加和液滴悬而不落。

五、读数

　　读数不准确是酸碱滴定误差的主要来源之一。由于溶液的表面张力，在滴定管内的液面

---

　　①　也有简便的洗法：将碱式滴定管下端的小段橡皮管及玻璃球取出，然后套上一个胶头或一头用小段玻璃棒堵死的一小段橡皮管，再将洗液由滴定管上端口倒入，浸泡。

形成下凹的弯月面。在对浅色或无色溶液读数时,可在管的背后衬一张白色硬纸卡。视线与液面保持水平,然后读取与弯月面相切的刻度,估计到小数点后面第二位数(见图 4-6)。

图 4-4　酸式滴定管滴定锥形瓶中溶液　　　　图 4-5　碱式滴定管滴定锥形瓶中溶液

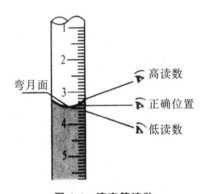

图 4-6　滴定管读数

☞ 实验内容

酸碱中和滴定反应的实质是:

$$H^+ + OH^- = H_2O$$

当反应到达终点时,根据反应酸给出质子的物质的量与反应碱接受质子的物质的量相等的原则,可求出酸或碱的物质的量浓度。

$$\frac{c_{酸} V_{酸}}{c_{碱} V_{碱}} = \frac{a}{b}$$

$c_{酸}$、$c_{碱}$:分别代表酸和碱的物质的量浓度;

$V_{酸}$、$V_{碱}$:分别代表酸和碱的体积;

a、b:反应式中有关物质(酸、碱)的化学计量系数,它们可由具体反应式来决定,如草酸和氢氧化钠反应 $a : b = 1 : 2$,而盐酸和氢氧化钠反应 $a : b = 1 : 1$。

根据上述公式,如果取一定量已知浓度的酸(或碱),可以确定另一碱(或酸)溶液的浓度。

中和反应的滴定终点借助指示剂的颜色变化来确定。一般强碱滴定强酸,或强碱滴定弱酸时,常以酚酞为指示剂;而强酸滴定强碱,或强酸滴定弱碱时,常以甲基橙为指示剂。

一、氢氧化钠溶液浓度的标定

用草酸($H_2C_2O_4$)标准溶液标定氢氧化钠溶液的浓度。滴定反应如下：

$$H_2C_2O_4 + 2NaOH = Na_2C_2O_4 + 2H_2O$$

1.取一支洁净的碱式滴定管，先用蒸馏水淋洗 3 次，再用 NaOH 溶液淋洗 3 次，注入 NaOH 溶液到"0"刻度以上，逐出橡皮管和尖嘴内的气泡，然后将液面调至"0.00"刻度处。

2.取一只洁净的吸管，先用蒸馏水淋洗 3 次，再用标准草酸溶液淋洗 3 次，吸取 20.00 mL 标准草酸溶液加到洁净的锥形瓶中，再加 2~3 滴酚酞指示剂，摇匀。

3.把滴定管中的碱液逐滴滴入瓶内。滴定刚开始时，液体滴出的速度可稍快一些，但只能一滴一滴地加，不可形成一股水流。碱液滴入酸中时，局部会出现粉红色，随着摇动，粉红色很快消失。当滴定接近终点时，粉红色消失较慢。此时每加一滴碱液都要将溶液摇动均匀，观察粉红色是否消失。最后应控制液滴悬而不落，用锥形瓶内壁把液滴沾下来（这时加入的是半滴碱液），用洗瓶冲洗锥形瓶内壁，摇匀，放置半分钟后，粉红色不消失，则认为已达到终点，记下滴定管液面的位置。

4.重复滴定两次。三次所用 NaOH 溶液的体积相差应不超过 0.05~0.10 mL，并将数据记入表 4-1，即可取平均值计算 NaOH 溶液的浓度。

＊二、盐酸溶液浓度的测定

用已测知浓度的碱液测定盐酸溶液的浓度。

1.洗涤酸式滴定管（用哪些液体洗？），装液，逐出尖嘴内的气泡，调节液面至"0.00"刻度位置。

2.用移液管吸取 20.00 mL 已标定的 NaOH 溶液，放入洁净的锥形瓶中，加 2 滴甲基橙指示剂。

3.酸液逐滴加入瓶内，不断摇动锥形瓶。当瓶内溶液颜色恰好由黄色变成橙色时，即达滴定的终点，记下滴定管液面的位置。

4.重复滴定两次。三次所用酸液体积相差应不超过 0.05~0.10 mL，并将数据记入表 4-2，即可取平均值计算盐酸溶液的浓度。

☞ 数据记录和处理

一、NaOH 溶液浓度的标定

标准草酸溶液的浓度_____ $mol \cdot L^{-1}$，用量_____ mL。

表 4-1　NaOH 溶液浓度的标定

实验序号	第 1 次滴定			第 2 次滴定			第 3 次滴定		
	始读数	终读数	用量	始读数	终读数	用量	始读数	终读数	用量
$V(NaOH)/mL$	0.00			0.00			0.00		
$c(NaOH)/mol \cdot L^{-1}$									
$\bar{c}(NaOH)/mol \cdot L^{-1}$									

NaOH 溶液浓度按下式计算：$c(NaOH) = \dfrac{2c(草酸) \cdot V(草酸)}{V(NaOH)}$。

*二、盐酸溶液浓度的测定

已标定的 NaOH 溶液浓度_____ mol·L^{-1}，用量_____ mL。

表 4-2 HCl 溶液浓度的标定

实验序号	第 1 次滴定			第 2 次滴定			第 3 次滴定		
$V(HCl)/mL$	始读数	终读数	用量	始读数	终读数	用量	始读数	终读数	用量
	0.00			0.00			0.00		
$c(HCl)/mol \cdot L^{-1}$									
$\bar{c}(HCl)/mol \cdot L^{-1}$（平均值）									

盐酸溶液浓度按下式计算：$c(HCl) = \dfrac{c(NaOH) \cdot V(NaOH)}{V(HCl)}$。

☞ 实验习题

1. 实验结果应保留几位有效数字，为什么？

2. 用已失去部分结晶水的草酸配制溶液时，对溶液浓度的准确度有无影响？为什么？

3. 滴定管和移液管为何要用所盛溶液洗 2～3 次？锥形瓶是否也应用所盛溶液洗？

4. 在滴定前，往盛有待滴定液的锥形瓶中加入一些蒸馏水，对滴定有无影响？

5. 下列情况对滴定结果有何影响？

　滴定完后，尖嘴外留有液滴；

　滴定完后，尖嘴内有气泡；

　滴定过程中，锥形瓶内壁的上部溅有碱（酸）液。

6. 以酚酞为指示剂用碱溶液滴定酸时，到达滴定终点的溶液放置一段时间后会不会褪色？为什么？

实验 5　五水合硫酸铜结晶水的测定

> ✳ **实验目的**
>
> 　　了解结晶水合物中结晶水含量的测定原理和方法;进一步熟悉分析天平的使用,学习研钵、干燥器等仪器的使用和沙浴加热、恒重等基本操作。

很多离子型的盐类从水溶液中析出时,常含有一定量的结晶水(或称水合水)。结晶水与盐类结合得比较牢固,但受热到一定程度时,可以脱去结晶水的一部分或全部。

$CuSO_4 \cdot 5H_2O$ 晶体在不同温度下按下列反应逐步脱水:

$$CuSO_4 \cdot 5H_2O \xrightarrow{48\ ℃} CuSO_4 \cdot 3H_2O + 2H_2O$$

$$CuSO_4 \cdot 3H_2O \xrightarrow{99\ ℃} CuSO_4 \cdot H_2O + 2H_2O$$

$$CuSO_4 \cdot H_2O \xrightarrow{218\ ℃} CuSO_4 + H_2O$$

因此,对于经过加热能脱去结晶水,又不会发生分解的结晶水合物中结晶水的测定,通常是把一定量的结晶水合物(不含吸附水)置于已灼烧至恒重的坩埚中,加热至较高温度(以不超过被测定物质的分解温度为限)脱水,然后把坩埚移入干燥器中,冷却至室温,再取出用分析天平称量。由结晶水合物经高温加热后的失重值可算出该结晶水合物所含结晶水的质量分数,以及每物质的量的该盐所含结晶水的物质的量,从而可确定结晶水的化学式。由于压力不同、粒度不同、升温速率不同,有时得到不同的脱水温度及脱水过程。

☞ 实验用品

仪器:坩埚、泥三角、干燥器、铁架台、铁圈、沙浴盘、温度计(300 ℃)、煤气灯、分析天平

药品:$CuSO_4 \cdot 5H_2O(s)$

材料:滤纸、沙子

☞ 基本操作

一、电子天平的使用;

二、沙浴加热;

三、研钵的使用方法;

四、干燥器的准备和使用。

由于空气中总有一定量的水汽,因此灼烧后的坩埚和沉淀等,不能置于空气中,必须放在干燥器中冷却以防吸收空气中的水分。

干燥器是一种具有磨口盖子的厚质玻璃器皿，磨口上涂有一薄层凡士林，使其更好地密合。底部放适当的干燥剂，其上架有洁净的带孔瓷板，以便放置坩埚和称量瓶等（见图 5-1）。

准备干燥器时要用干的抹布将内壁和瓷板擦抹干净，一般不用水洗，以免不能很快干燥。放入干燥剂时按图 5-2 方法进行，干燥剂不要放得太满，装至干燥器下室的一半就够了，太多容易沾污坩埚。

开启干燥器时，应左手按住干燥器的下部，右手握住盖的圆顶，向前小心推开器盖。盖取下后，将盖倒置在安全处。放入物体后，应及时加盖。加盖时也应该拿住盖上圆顶，平推盖严。当放入温热的坩埚时，应将盖留一缝隙，稍等几分钟再盖严，也可以前后推动器盖稍稍打开 2～3 次。搬动干燥器时，应用两手的拇指按住盖子，以防盖子滑落打碎。

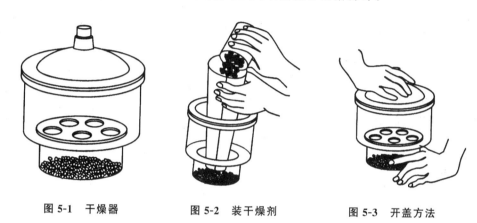

图 5-1　干燥器　　　　图 5-2　装干燥剂　　　　图 5-3　开盖方法

☞ 实验内容

一、恒重坩埚

将一洗净的坩埚及坩埚盖置泥三角上。小火烘干后，用氧化焰灼烧至红热。将坩埚冷却至略高于室温，再用干净的坩埚钳将其移入干燥器中，冷却至室温（注意：热坩埚放入干燥器后，一定要在短时间内将干燥器盖子打开 1～2 次，以免内部压力降低，难以打开）。取出，用分析天平称量。重复加热至脱水温度以上，冷却、称量，直至恒重。

二、水合硫酸铜脱水

在已恒重的坩埚中加入 1.0～2.0 g 研细的水合硫酸铜晶体，铺成均匀的一层，再在分析天平上准确称量坩埚及水合硫酸铜的总质量，减去已恒重的坩埚的质量即为水合硫酸铜的质量。

将已称量、内装水合硫酸铜晶体的坩埚置于沙浴盘中，其四分之三体积埋入沙内，再在靠近坩埚的沙浴中插入一支温度计（300 ℃），其末端应与坩埚底部大致处于同一水平线。加热沙浴至约 210 ℃，然后慢慢升温至 280 ℃左右，调节煤气灯以控制沙浴温度在 260～280 ℃之间。当坩埚内粉末由蓝色全部变成白色时停止加热（约需 15～20 min）。用干净的坩埚钳将坩埚移入干燥器内，冷至室温。将坩埚外壁用滤纸揩干净后，在分析天平上称量坩埚和脱水硫酸铜的总质量，计算脱水硫酸铜的质量。重复沙浴加热，冷却、称量，直到恒重（本实验要求两次称量之差＜1 mg）。实验后将无水硫酸铜倒入回收瓶中。

将实验数据填入表 5-1。由实验所得数据,计算每物质的量的 $CuSO_4$ 所结合的结晶水的物质的量(计算出结果后,四舍五入取整数),确定水合硫酸铜的化学式。

☞ 数据记录与处理

表 5-1　五水硫酸铜结晶水的测定

空坩埚质量/g			空坩埚＋五水硫酸铜质量/g	加热后坩埚＋无水硫酸铜质量/g		
第一次称量	第二次称量	平均值		第一次称量	第二次称量	平均值

$CuSO_4 \cdot 5H_2O$ 的质量 $m_1 = $ _____。

$CuSO_4 \cdot 5H_2O$ 的物质的量 $= m_1 / 249.7 \text{ g} \cdot \text{mol}^{-1} = $ _____。

无水硫酸铜的质量 $m_2 = $ _____。

$CuSO_4$ 的物质的量 $= m_2 / 159.6 \text{ g} \cdot \text{mol}^{-1} = $ _____。

结晶水的质量 $m_3 = $ _____。

结晶水的物质的量 $= m_3 / 18.0 \text{ g} \cdot \text{mol}^{-1} = $ _____。

每物质的量的 $CuSO_4$ 的结合水 _____。

水合硫酸铜的化学式 _____。

思考题:

1.在水合硫酸铜结晶水的测定中,为什么用沙浴加热并控制温度在 280 ℃ 左右?

2.加热后的坩埚能否未冷却至室温就去称量? 加热后的热坩埚为什么要放在干燥器内冷却?

3.在高温灼烧过程中,为什么必须用煤气灯氧化焰而不能用还原焰加热坩埚?

4.为什么要进行重复的灼烧操作? 什么叫恒重? 其作用是什么?

☞ 实验注意事项

1.$CuSO_4 \cdot 5H_2O$ 的用量最好不要超过 1.2 g。

2.加热脱水一定要完全,晶体要变为灰白色,不能是浅蓝色。

3.注意恒重。

4.注意控制脱水温度。

实验 6　二氧化碳气体的相对分子质量的测定

❋实验目的

　　学习气体相对密度法测定相对分子质量的原理和方法；加深理解理想气体状态方程式和阿佛加德罗定律；巩固使用启普气体发生器，熟悉洗涤、干燥气体装置的使用。

　　根据阿佛加德罗定律，在同温同压下，同体积的任何气体含有相同数目的分子。

　　对于 p、V、T 相同的 A、B 两种气体，若以 m_A、m_B 分别代表 A、B 两种气体的质量，M_A、M_B 分别代表 A、B 两种气体的相对分子质量，其理想气体状态方程分别为：

气体 A
$$pV = \frac{m_A}{M_A}RT \tag{1}$$

气体 B
$$pV = \frac{m_B}{M_B}RT \tag{2}$$

由(1)、(2)并整理得：

$$\frac{m_A}{m_B} = \frac{M_A}{M_B} \tag{3}$$

　　于是得出结论：在同温同压下，同体积的两种气体的质量之比等于其相对分子质量之比。

　　因此我们应用上述结论，将同温同压下，同体积二氧化碳与空气相比较。因为已知空气的平均相对分子质量为29.0，所以只要测得二氧化碳与空气在相同条件下的质量，便可以根据上式求出二氧化碳的相对分子质量，即：

$$M_{CO_2} = \frac{m_{CO_2}}{m_{空气}} \times 29.0$$

式中 29.0 为空气的平均相对分子质量。

　　式中体积为 V 的二氧化碳质量 m_{CO_2} 可直接从分析天平称出。同体积空气的质量可根据实验时测得的大气压(p)和温度(T)，利用理想气体状态方程式计算得到。

☞ 实验用品

仪器：分析天平、启普气体发生器、台秤、洗气瓶、干燥管、磨口锥形瓶
固体药品：石灰石、无水氯化钙
液体药品：HCl($6\ mol \cdot L^{-1}$)、NaHCO$_3$($1\ mol \cdot L^{-1}$)、CuSO$_4$($1\ mol \cdot L^{-1}$)
材料：玻璃棉、玻璃管、橡皮管

☞ 基本操作

1.启普气体发生器的安装和使用方法；

2.气体的洗涤、干燥和收集方法。

☞ 实验内容

按图 6-1 装配好制取二氧化碳的实验装置图。因石灰石中含有硫,所以在气体发生过程中有硫化氢、酸雾、水汽产生,可通过硫酸铜溶液、碳酸氢钠溶液以及无水氯化钙除去硫化氢、酸雾和水汽。

取一洁净而干燥的磨口锥形瓶,并在分析天平上称量质量(空气＋瓶＋瓶塞)。

在启普气体发生器中产生二氧化碳气体,经过净化、干燥后导入锥形瓶中。由于二氧化碳气体略重于空气,所以必须把导管通到瓶底。等 4~5 min 后,轻轻取出导气管,用塞子塞住瓶口,在分析天平上称量二氧化碳、瓶、塞的总质量。重复通入二氧化碳和称量的操作,直到前后两次称量的质量相符为止(两次质量可相差 1~2 mg)。最后在锥形瓶内装满水,塞好塞子,在台秤上准确称量。

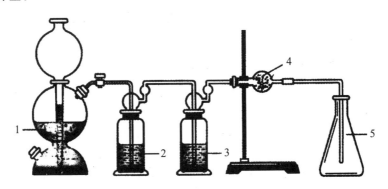

1.石灰石＋稀盐酸;2.CuSO₄ 溶液;3.NaHCO₃ 溶液;4.无水氯化钙;5.锥形瓶

图 6-1　制取、净化和收集 CO₂ 装置图

思考题:

1.为什么二氧化碳气体、瓶、塞的总质量要在分析天平上称量,而水＋瓶＋塞的质量可以在台秤上称量? 两者的要求有何不同?

2.哪些物质可用此法测定相对分子质量? 哪些不可以? 为什么?

☞ 数据记录和结果处理

室温 $t/^\circ\mathrm{C}$ = _____。

气压 p/Pa = _____。

空气＋瓶＋塞子的质量 m_A = _____。

第一次(二氧化碳气体＋瓶＋塞子)的总质量 = _____。

第二次(二氧化碳气体＋瓶＋塞子)的总质量 = _____。

二氧化碳气体＋瓶＋塞子的总质量 m_B = _____。

水＋瓶＋塞子的总质量 m_C = _____。

瓶的容积 $V = \dfrac{m_C - m_A}{1.00}$ = _____。

瓶内空气的质量 $m_{空气}=$ _____。

瓶和塞子的质量 $m_D=m_A-m_{空气}=$ _____。

二氧化碳气体的质量 $m_{CO_2}=m_B-m_D=$ _____。

二氧化碳气体的相对分子质量 $M_{CO_2}=$ _____。

误差_____。

☞ 实验习题

1.完成数据记录和结果处理,并分析误差及其产生的原因。

2.指出实验装置图中各部分的作用并写出有关反应方程式。

实验7　转化法制备硝酸钾

※ **实验目的**

　　学习转化法制备硝酸钾晶体;学习溶解、过滤、间接热浴和重结晶操作。

☞ 实验用品

　　仪器:量筒、烧杯、台秤、石棉网、三角架、热滤漏斗、布氏漏斗、吸滤瓶、水泵、瓷坩埚、坩埚钳、温度计(220 ℃)、比色管(25 mL)、硬质试管、烧杯(500 mL)

　　固体药品:硝酸钠(工业级)、氯化钾(工业级)

　　液体药品:$AgNO_3$(0.1 mol·L^{-1})、硝酸(6 mol·L^{-1})、氯化钠标准溶液

　　材料:滤纸

☞ 基本操作

　　1.固体的溶解、过滤、重结晶;

　　2.间接热浴操作。

　　工业上常采用转化法制备硝酸钾晶体,其反应如下:

$$NaNO_3 + KCl = KNO_3 + NaCl$$

　　反应是可逆的。根据氯化钠的溶解度随温度变化不大,而氯化钾、硝酸钠和硝酸钾在高温时具有较大或很大的溶解度而温度降低时溶解度明显减小(如氯化钾、硝酸钠)或急剧下降(如硝酸钾)的这种差别,将一定浓度的硝酸钠和氯化钾混合液加热浓缩,当温度达118~120 ℃时,由于硝酸钾溶解度增加很多,达不到饱和,不析出;而氯化钠的溶解度增加甚少,浓缩时随着溶剂的减少,氯化钠析出。通过热过滤滤除氯化钠,将此溶液冷却至室温,即有大量硝酸钾析出,氯化钠仅有少量析出,从而得到硝酸钾粗产品。再经过重结晶提纯,可得到纯品。

表 7-1　硝酸钾等四种盐在不同温度下的溶解度

单位:g/100 g H_2O

盐 ＼ T/℃	0	10	20	30	40	60	80	100
KNO_3	13.3	20.9	31.6	45.8	63.9	110.0	169	246
KCl	27.6	31.0	34.0	37.0	40.0	104	51.1	56.5
$NaNO_3$	73	80	88	96	104	124	149	180
NaCl	35.7	35.8	36.0	36.3	36.6	37.3	38.4	39.8

☞ 实验内容

一、溶解蒸发

1. 称取 5 g 硝酸钠和 4.5 g 氯化钾固体,倒入 100 mL 烧杯中,加入 20 mL 蒸馏水。

2. 将盛有原料的烧杯放在石棉网上用酒精灯加热,并不断搅拌,至杯内固体全溶,记下烧杯中液面的位置。当溶液沸腾时用温度计测溶液此时的温度,并记录。

3. 继续加热并不断搅拌溶液,当加热至杯内溶液剩下原有体积的 2/3 时,已有氯化钠析出,趁热抽滤(布氏漏斗在沸水中或烘箱中预热)。

4. 将滤液转移至烧杯中,并用 5 mL 热的蒸馏水分数次洗涤吸滤瓶,洗液转入盛滤液的烧杯中,记下此时烧杯中液面的位置。加热至滤液体积只剩原有体积的 3/4 时,冷却至室温,观察晶体状态。用减压过滤把硝酸钾晶体尽量抽干,得到的产品为粗产品,称量。

二、粗产品的重结晶

(1) 除保留少量(0.1~0.2 g)粗产品供纯度检验外,按粗产品:水=2:1(质量比)的比例,将粗产品溶于蒸馏水中。

(2) 加热、搅拌,待晶体全部溶解后停止加热。若溶液沸腾时,晶体还未全部溶解,可再加极少量蒸馏水使其溶解。

(3) 待溶液冷却至室温后抽滤,水浴烘干,得到纯度较高的硝酸钾晶体,称量。

三、纯度检验

(1) 定性检验

分别取 0.1 g 粗产品和一次重结晶得到的产品放入两支小试管中,各加入 2 mL 蒸馏水配成溶液。在溶液中分别滴入 1 滴 6 mol·L^{-1} HNO$_3$ 酸化,再各滴入 0.1 mol·L^{-1} AgNO$_3$ 溶液 2 滴,观察现象,进行对比,重结晶后的产品溶液应为澄清。

*(2) 根据试剂级的标准检验试样中总氯量

称取 1 g 试样(称准至 0.01 g),加热至 400 ℃使其分解,于 700 ℃灼烧 15 min,冷却,溶于蒸馏水中(必要时过滤),稀释至 25 mL,加 2 mL 5 mol·L^{-1} HNO$_3$ 和 0.1 mol·L^{-1} AgNO$_3$ 溶液,摇匀,放置 10 min。所呈浊度不得大于标准。

标准是取下列质量的 Cl$^-$:优级纯 0.015 mg,分析纯 0.030 mg,化学纯 0.070 mg,稀释至 25 mL,与同体积样品溶液同时同样处理(氯化钠标准溶液依据 GB604-77 配制,见附注)。

本实验要求重结晶后的硝酸钾晶体含氯量达化学纯为合格,否则应再次重结晶,直至合格。最后称量,计算产率,并与前几次的结果进行比较。

☞ 实验习题

1. 何谓重结晶?本实验涉及哪些基本操作,应注意什么?
2. 制备硝酸钾晶体时,为什么要把溶液进行加热和热过滤?
3. 试设计从母液提取较高纯度硝酸钾晶体的实验方案,并加以试验。

附注：

1.根据中华人民共和国国家标准(GB647-77)，化学试剂硝酸钾中杂质最高含量(指标以 $x/\%$ 计)如下：

名称	优级纯	分析纯	化学纯
澄清度试验	合格	合格	合格
水不溶物	0.002	0.004	0.006
干燥失重	0.2	0.2	0.5
总氯量(以 Cl^- 计)	0.001 5	0.003	0.007
硫酸盐(SO_4^{2-})	0.002	0.005	0.01
亚硝酸盐及硝酸盐(以 NO_2 计)	0.000 5	0.001	0.005
磷酸盐(PO_4^{3-})	0.000 5	0.001	0.001
钠(Na)	0.02	0.02	0.05
镁(Mg)	0.001	0.002	0.004
钙(Ca)	0.002	0.004	0.006
铁(Fe)	0.000 1	0.000 2	0.000 5
重金属(以 Pb 计)	0.000 3	0.000 5	0.001

2.氯化物标准溶液的配制(1 mL 含 1 mg Cl^-)：称取 0.165 g 于 500～600 ℃灼烧至恒重之氯化钠，溶于水，移入 1 000 mL 容量瓶中，稀释至刻度。

3.检查产品含氯总量时，要求在 700 ℃灼烧。这步操作需在马弗炉中进行。需要注意的是，当灼烧物质达到灼烧要求后，先关掉电源，待温度降至 200 ℃以下时，可打开马弗炉，用长柄坩埚钳取出装试样的坩埚，放在石棉网上，切忌用手拿。

实验 8　Fe^{3+}、Al^{3+} 离子的分离

※ **实验目的**

　　学习萃取分离法的基本原理；初步了解铁、铝离子不同的萃取行为；学习萃取分离和蒸馏分离两种基本操作。

　　在 6 mol·L^{-1}盐酸中，Fe^{3+}离子与 Cl^-离子生成了$[FeCl_4]^-$配离子。在强酸—乙醚萃取体系中，乙醚(Et_2O)与 H^+离子结合，生成了锌离子 $Et_2O·H^+$。由于$[FeCl_4]^-$离子与 $Et_2O·H^+$离子都有较大的体积和较低的电荷，因此，容易形成离子缔合物 $Et_2O·H^+·[FeCl_4]^-$，在这种离子缔合物中，Cl^-离子和 Et_2O 分别取代了 Fe^{3+}离子和 H^+离子的配位水分子，并且中和了电荷，具有疏水性，能够溶于乙醚中。因此，就从水相转移到有机相中了。

　　Al^{3+}离子在 6 mol·L^{-1}盐酸中与 Cl^-离子生成配离子的能力很弱，因此，仍然留在水相中。

　　将铁离子由有机相中再转移到水相中去的过程叫作反萃取。将含有铁离子的乙醚相与水相混合，这时体系中的 Fe^{3+}离子浓度和 Cl^-离子浓度明显降低。锌离子 $Et_2O·H^+$ 和配离子 $[FeCl_4]^-$ 解离趋势增加，铁离子又生成了水合铁离子，被反萃取到水相中。由于乙醚沸点较低(35.6 ℃)，因此，采用普通蒸馏的方法，就可以实现醚水的分离。这样 Fe^{3+} 又恢复了初始状态，达到 Fe^{3+}、Al^{3+} 分离的目的。

☞ 实验用品

　　仪器：圆底烧瓶(250 mL)、直管冷凝器、尾接管、抽滤瓶、烧杯、梨形分液漏斗(100 mL)、量筒(100 mL)、铁架台、烧杯

　　液体药品：$FeCl_3$(5%)、$AlCl_3$(5%)、浓盐酸(化学纯)、乙醚(化学纯)、$K_4[Fe(CN)_6]$(5%)、NaOH(2 mol·L^{-1}、6 mol·L^{-1})、茜素 S 酒精溶液、冰水、热水

　　材料：乳胶管、橡皮塞、玻璃弯管、滤纸、pH 试纸

☞ 基本操作

　　1.萃取；
　　2.蒸馏。

☞ 实验内容

一、制备混合溶液

取 10 mL 5% $FeCl_3$ 溶液和 10 mL 5% $AlCl_3$ 溶液,在烧杯中混合。

二、萃取

将 15 mL 混合溶液和 15 mL 浓盐酸先后倒入分液漏斗中,再加入 30 mL 乙醚溶液,按照萃取分离的操作步骤进行萃取。

思考题:

萃取操作中如何注意安全?

三、检查

萃取分离后,水相若呈黄色,则表明 Fe^{3+}、Al^{3+} 没有分离完全。可再次用 30 mL 乙醚重复萃取,直至水相无色为止。每次分离后的有机相都合并在一起。

四、安装

按图 8-1 安装好蒸馏装置。向有机相中加入 30 mL 水,并转移至圆底烧瓶中。整个装置的高度以热源高度为基准,首先固定蒸馏烧瓶的位置,以后再装配其他仪器时,不宜再调整烧瓶的位置。

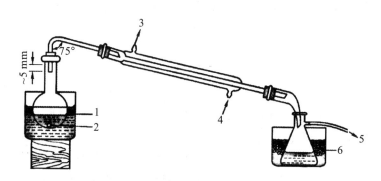

1.热水(80 ℃);2.沸石;3.冷却水出口;4.冷却水入口;5.至下水管或室外;6.冰水

图 8-1　普通蒸馏装置

调整铁架台铁夹的位置,使冷凝器的中心线和烧瓶支管的中心线成一直线后,方可将烧瓶与冷凝管连起来。最后再装上尾接管和接受瓶,接受瓶放在冰中或冷水中冷却。

五、蒸馏

打开冷却水,把 80 ℃的热水倒入水槽中,按普通蒸馏操作步骤,用热水将乙醚蒸出。蒸出的乙醚要测量体积并且回收。

思考题：

1.实验室中为什么严禁明火？

2.蒸馏乙醚时，为防止中毒，应该采取什么措施？

3.此实验采取了哪两种分离方法？这两种方法各自依据的基本原理是什么？

六、分离鉴定

按照离子鉴定的方法（见附注）分别鉴定未分离的混合液和分离开的 Fe^{3+}、Al^{3+} 溶液，并加以比较。

思考题：

Fe^{3+}、Al^{3+} 离子的鉴定条件是什么？鉴定 Al^{3+} 离子时如何排除 Fe^{3+} 离子的干扰？

☞ 实验习题

Tl^{3+} 在高酸性条件下能够与 Cl^- 结合成配离子$[TlCl_4]^-$。根据这些性质，选择一个离子缔合物体系，将 Al^{3+} 和 Tl^{3+} 混合液分离，并设计分离步骤。

附注：

一、离子鉴定方法

(1)将待测试液调至 $pH＝4$。

(2)向滤纸中滴一滴 5% $K_4[Fe(CN)_6]$溶液，再将滤纸晾干。

(3)将一滴待测试液滴到滤纸中心，再向滤纸中心滴上一滴水，然后滴上一滴茜素 S 酒精溶液。$KFe[Fe(CN)_6]$被固定在滤纸中心，生成蓝斑。Al^{3+} 被水洗到斑点外围，并与茜素 S 生成茜素铝色淀的红色环。利用这个方法可以分别鉴定出 Fe^{3+} 和 Al^{3+}。

二、安全知识

(1)乙醚沸点低(35.6 ℃)，燃点也低(343 ℃)，并且与空气混合有较宽的爆炸区间(1.8% $\sim40\%$)。因此，实验室内严禁明火。

(2)为了防止乙醚蒸气在实验室大量弥散，接受器和冷凝管之间必须通过尾接管紧密相连，并且把接受器的出气口导入下水管道中。整个蒸馏水体系绝不可封闭。

(3)乙醚在光的作用下容易生成过氧化物。蒸馏时，若乙醚中有过氧化物，则可能爆炸。因此，每天实验前，实验教师要检验乙醚中是否有过氧化物生成，必须在确证不含过氧化物的前提下才能进行蒸馏。

三、检验过氧化物的方法

向试管中加入 1 mL 新配制的 $2\%(NH_4)_2Fe(SO_4)_2$ 溶液和 $2\sim3$ 滴 KSCN，摇匀后，再加入 2 mL 所要试验的醚，用力振荡。如果醚中有过氧化物存在，溶液即变成红色。

第三部分

基本化学原理实验

实验 9　化学反应速率和活化能

> ❋**实验目的**
> 　　了解浓度、温度和催化剂对化学反应速度的影响,测定过二硫酸铵与碘化钾反应的反应速率,并计算反应级数、反应速率常数和反应的活化能。

　　在水溶液中过二硫酸铵和碘化钾发生如下反应:

$$(NH_4)_2S_2O_8 + 3KI = (NH_4)_2SO_4 + K_2SO_4 + KI_3$$

$$S_2O_8^{2-} + 3I^- = 2SO_4^{2-} + I_3^- \tag{1}$$

　　其反应速率 v 根据速率方程可表示为:

$$v = k[S_2O_8^{2-}]^m[I^-]^n$$

式中 v 是在此条件下反应的瞬间速率。若 $[S_2O_8^{2-}]$、$[I^-]$ 是起始浓度,则 v 表示起始速率。k 是速率常数,m 与 n 之和是反应级数。

　　实验能测定的速率是在一段时间(Δt)内反应的平均速率 $\bar{v}$。如果在 Δt 时间内 $S_2O_8^{2-}$ 浓度的改变为 $\Delta[S_2O_8^{2-}]$,则平均速率:

$$\bar{v} = \frac{-\Delta[S_2O_8^{2-}]}{\Delta t}$$

　　近似地用平均速率代替起始速率:

$$v_0 = \frac{-\Delta[S_2O_8^{2-}]}{\Delta t} = k[S_2O_8^{2-}]^m[I^-]^n$$

　　为了能够测出反应在 Δt 时间内 $S_2O_8^{2-}$ 浓度的改变值,需要在混合 $(NH_4)_2S_2O_8$ 和 KI 溶液的同时,注入一定体积已知浓度的 $Na_2S_2O_3$ 溶液和淀粉溶液,这样在反应(1)进行的同时还进行下面的反应:

$$2S_2O_3^{2-} + I_3^- = S_4O_6^{2-} + 3I^- \tag{2}$$

　　这个反应进行得非常快,几乎瞬间完成,而反应(1)比反应(2)慢得多。因此,由反应(1)生成的 I_3^- 立即与 $S_2O_3^{2-}$ 反应,生成 $S_4O_6^{2-}$ 和 I^-,所以在反应的开始阶段看不到碘与淀粉反应而显示的特有蓝色。但是一当 $Na_2S_2O_3$ 耗尽,反应(1)继续生成的 I_3^- 就与淀粉反应而呈现出特有的蓝色。

　　由于从反应开始到蓝色出现标志着 $S_2O_3^{2-}$ 全部耗尽,所以从反应开始到出现蓝色这段时间 Δt 里,$S_2O_3^{2-}$ 浓度的改变 $\Delta[S_2O_3^{2-}]$ 实际上就是 $Na_2S_2O_3$ 的起始浓度。

再从反应式(1)和(2)可以看出,$S_2O_8^{2-}$ 减少的量为 $S_2O_3^{2-}$ 减少量的一半,所以 $S_2O_8^{2-}$ 在 Δt 时间内减少的量可以从下式求得。

$$\Delta[S_2O_8^{2-}]=\frac{\Delta[S_2O_3^{2-}]}{2}$$

☞ 实验用品

仪器:烧杯、大试管、量筒、秒表、温度计

液体药品:$(NH_4)_2S_2O_8$(0.20 mol·L⁻¹)、KI(0.20 mol·L⁻¹)、$Na_2S_2O_3$(0.01 mol·L⁻¹)、KNO_3(0.20 mol·L⁻¹)、$(NH_4)_2SO_4$(0.20 mol·L⁻¹)、$Cu(NO_3)_2$(0.02 mol·L⁻¹)、淀粉溶液(0.4%)

材料:冰

☞ 实验内容

一、浓度对化学反应速率的影响

在室温条件下进行表 9-1 中编号 I 的实验。用量筒分别量取 4.0 mL 0.20 mol·L⁻¹ 碘化钾溶液、1.6 mL 0.010 mol·L⁻¹ 硫代硫酸钠溶液和 0.4 mL 0.4% 淀粉溶液,全部注入烧杯中,混合均匀。然后用另一量筒取 4.0 mL 0.2 mol·L⁻¹ 过二硫酸铵溶液,迅速倒入上述混合液中,同时开动秒表,并不断搅动,仔细观察。当溶液刚出现蓝色时,立即按停秒表,记录反应时间和室温。

用同样方法按照表 9-1 的用量进行编号 II、III、IV、V 的实验。

思考题:

1.下列操作情况对实验有何影响?

(1)取用试剂的量筒没有分开专用。

(2)过二硫酸铵溶液慢慢加入碘化钾等混合溶液中。

2.为什么在实验 II、III、IV、V 的实验中,分别加入硝酸钾或硫酸铵溶液?

3.每次实验的计时操作要注意什么?

二、温度对化学反应速率的影响

按表 9-1 实验 IV 中的药品用量,将装有碘化钾、硫代硫酸钠、硝酸钾和淀粉混合溶液的烧杯和装有过二硫酸铵溶液的小烧杯放入冰水浴中冷却,待它们温度冷却到低于室温 10 ℃时,将过二硫酸铵溶液迅速加到碘化钾等混合溶液中,同时计时并不断搅动,当溶液刚出现蓝色时,记录反应时间(VI)。同样方法在热水浴中进行高于室温 10 ℃的实验(VII)。若无冰水浴,则实验可做高于室温 10 ℃(VI)、20 ℃(VII)的实验。

将此 IV、VI 和 VII 的实验数据数据记入表 9-2 中进行比较。

三、催化剂对化学反应速率的影响

按表 9-1 实验 IV 的用量,把碘化钾、硫代硫酸钠、硝酸钾和淀粉溶液加到 150 mL 烧杯中,再加入 2 滴 0.02 mol·L^{-1}硝酸铜溶液,搅匀,然后迅速加入过二硫酸铵溶液,搅动、计时。将此实验的反应速率与表 9-1 中实验Ⅳ的反应速率进行比较,可得到什么结论?

☞ 数据记录和处理

一、浓度、温度对反应速率影响的数据记录和处理

表 9-1　浓度对反应速率影响的数据记录和处理

室温＿＿＿＿

实　验　编　号		Ⅰ	Ⅱ	Ⅲ	Ⅳ	Ⅴ
试剂用量/mL	0.20 mol·L^{-1}(NH$_4$)$_2$S$_2$O$_8$	4.0	2.0	1.0	4.0	4.0
	0.20 mol·L^{-1} KI	4.0	4.0	4.0	2.0	1.0
	0.010 mol·L^{-1} Na$_2$S$_2$O$_3$	1.6	1.6	1.6	1.6	1.6
	0.4%淀粉溶液	0.4	0.4	0.4	0.4	0.4
	0.20 mol·L^{-1} KNO$_3$	0	0	0	2.0	3.0
	0.20 mol·L^{-1}(NH$_4$)$_2$SO$_4$	0	2.0	3.0	0	0
混合液中反应物的起始浓度/mol·L^{-1}	(NH$_4$)$_2$S$_2$O$_8$					
	KI					
	Na$_2$S$_2$O$_3$					
反应时间 Δt/s						
S$_2$O$_8^{2-}$ 的浓度变化 Δ[S$_2$O$_8^{2-}$]/mol·L^{-1}						
反应速率 v						

表 9-2　温度对化学反应速率影响的数据记录和处理

实验编号	Ⅳ	Ⅵ	Ⅶ
反应温度/℃			
反应时间 Δt/s			
反应速率 v			

二、反应级数和反应速率常数的计算

将反应速率表示式 $v=k[S_2O_8^{2-}]^m[I^-]^n$ 两边取对数

$$\lg v=m\lg[S_2O_8^{2-}]+n\lg[I^-]+\lg k$$

当[I$^-$]不变时(即实验Ⅰ、Ⅱ、Ⅲ),以 $\lg v$ 对 $\lg[S_2O_8^{2-}]$作图,可得一直线,斜率即为 m;同理,当[S$_2$O$_8^{2-}$]不变时(即实验Ⅰ、Ⅳ、Ⅴ),以 $\lg v$ 对 $\lg[I^-]$作图,可求得 n。此反应的级数则为 $m+n$。

将求得的 m 和 n 代入 $v=k[S_2O_8^{2-}]^m[I^-]^n$ 即可求得反应速率常数 k,将数据填入表 9-3。

表 9-3　反应级数与速度常数的数据处理

实验编号	Ⅰ	Ⅱ	Ⅲ	Ⅳ	Ⅴ
$\lg v$					
$\lg[S_2O_8^{2-}]$					
$\lg[I^-]$					
m					
n					
反应速率常数 k					

三、反应活化能的计算

反应速率常数 k 与反应温度 T 一般有以下关系：

$$\lg k = A - \frac{E_a}{2.30RT}$$

式中 E_a 为反应的活化能，R 为气体常数，T 为热力学温度。测出不同温度时的 k 值，以 $\lg k$ 对 $1/T$ 作图，可得一直线，由直线斜率（等于 $-\dfrac{E_a}{2.30R}$）可求得反应的活化能 E_a。将数据填入表 9-4。

表 9-4　反应活化能的数据处理

实验编号	Ⅳ	Ⅵ	Ⅶ
反应速率常数 k			
$\lg k$			
$1/T$			
反应活化能 E_a			

本实验活化能测定值的误差不超过 $\pm 10\%$（文献值：$51.8\ \text{kJ} \cdot \text{mol}^{-1}$）。

☞ 实验习题

1.若不用 $S_2O_8^{2-}$，而用 I^- 或 I_3^- 的浓度变化来表示反应速率，则反应速率常数 k 是否一样？

2.化学反应的反应级数是怎样确定的？用本实验的结果加以说明。

3.用阿伦尼乌斯公式计算反应的活化能，并与作图法得到的值进行比较。

4.本实验研究了浓度、温度、催化剂对反应速率的影响，对有气体参加的反应，压力有怎样的影响？如果对反应 $2NO + O_2 = 2NO_2$，将压力增加到原来的两倍，那么反应速率将增加几倍？

5.已知 $A(g) \rightarrow B(l)$ 是二级反应，其数据如下：

p_A/kPa	40	26.6	19.1	13.3
t/s	0	250	500	1 000

试计算反应速率常数 k。

附注：

本实验对试剂有一定的要求：

(1)碘化钾溶液应为无色透明溶液,不宜使用有碘析出的浅黄色的溶液。

(2)过二硫酸铵溶液要新配制的,因为时间长了过二硫酸铵易分解。如所配制过二硫酸铵的 pH 值小于 3,说明过二硫酸铵试剂已有分解,不适合本实验使用。

(3)所用试剂中如混有少量 Cu^{2+}、Fe^{3+} 等杂质离子,对反应会有催化作用,必要时需滴入几滴 $0.10\ mol \cdot L^{-1}$ EDTA 溶液。

实验 10   化学平衡移动

※ **实验目的**
　　了解浓度、温度对化学平衡的影响。

☞ 实验用品

　　药品:$FeCl_3$(0.1 mol·L^{-1})、KSCN(0.1 mol·L^{-1})、HCl(浓)、$CoCl_2$(0.1 mol·L^{-1})、$CuSO_4$(0.1 mol·L^{-1})、KBr(0.1 mol·L^{-1})、$CrCl_3$(0.1 mol·L^{-1})
　　仪器:小试管

☞ 实验内容

一、浓度对化学平衡的影响

1.$FeCl_3$ 与 KSCN 的作用

　　在 3 支小试管中分别加入 1 滴 0.1 mol·L^{-1} 的 $FeCl_3$ 溶液和 1 滴 0.1 mol·L^{-1} 的 KSCN 溶液,再加入 1 mL 水。第一支小试管留作比较,在第二支小试管中滴入 1 滴 0.1 mol·L^{-1} 的 $FeCl_3$ 溶液,在第三支试管中滴入 1 滴 0.1 mol·L^{-1} 的 KSCN 溶液,观察现象。

2.四氯合钴离子与六水合钴离子之间的平衡

　　在小试管中加入 0.5 mL 0.1 mol·L^{-1} 的 $CoCl_2$ 溶液,滴加浓 HCl 数滴,待溶液变色后,吸取 0.5 mL 放入另一支小试管中,并加数滴水稀释,观察现象。

3.水合铜离子与溴合铜离子的平衡

　　在 3 支小试管中分别加入 0.5 mL、0.1 mL 和 1.0 mL 0.1 mol·L^{-1} 的 $CuSO_4$ 溶液,然后在第一、二支小试管中加入 0.5 mL 0.1 mol·L^{-1} 的 KBr 溶液,在第三支试管中加入固体 KBr (小米粒大小),观察现象。

二、温度对化学平衡的影响

　　在试管中加入 0.1 mol·L^{-1} 的 $CrCl_3$ 溶液 0.5 mL,加热,观察试管中溶液的颜色变化。再将试管放入冰水中,溶液的颜色又有何改变?

☞ 实验习题

　　1.化学平衡在何种情况下发生移动? 如何判断化学平衡移动的方向?
　　2.试举例说明浓度、温度对化学平衡移动的影响。

实验 11　电离平衡和沉淀平衡

❀**实验目的**

　　理解电离平衡、水解平衡、沉淀平衡和同离子效应的基本原理;学习缓冲溶液的配制方法并试验其性质;掌握沉淀的生成、溶解和转化的条件;掌握离心分离操作和离心机、pH 试纸的使用。

☞ 实验用品

仪器:试管、离心试管、离心机、表面皿、酸度计

固体药品:三氯化锑、醋酸铵(NH_4Ac)、硝酸铁

液体药品:HNO_3($6\ mol \cdot L^{-1}$)、HCl($0.2\ mol \cdot L^{-1}$、$6\ mol \cdot L^{-1}$)、HAc($0.1\ mol \cdot L^{-1}$、$0.2\ mol \cdot L^{-1}$)、NaOH($0.2\ mol \cdot L^{-1}$)、$NH_3 \cdot H_2O$($0.1\ mol \cdot L^{-1}$、$6\ mol \cdot L^{-1}$)、PbI_2(饱和)、KI($0.001\ mol \cdot L^{-1}$、$0.1\ mol \cdot L^{-1}$)、$Pb(NO_3)_2$($0.001\ mol \cdot L^{-1}$、$0.1\ mol \cdot L^{-1}$)、NaAc($0.2\ mol \cdot L^{-1}$、$0.1\ mol \cdot L^{-1}$)、NH_4Cl($0.1\ mol \cdot L^{-1}$)、NH_4Ac($0.1\ mol \cdot L^{-1}$)、NaCl($0.1\ mol \cdot L^{-1}$、$1.0\ mol \cdot L^{-1}$)、NaH_2PO_4($0.1\ mol \cdot L^{-1}$)、Na_2HPO_4($0.1\ mol \cdot L^{-1}$)、Na_3PO_4($0.1\ mol \cdot L^{-1}$)、K_2CrO_4($0.1\ mol \cdot L^{-1}$、$0.50\ mol \cdot L^{-1}$)、$AgNO_3$($0.1\ mol \cdot L^{-1}$)、$BaCl_2$($1\ mol \cdot L^{-1}$)、$(NH_4)_2C_2O_4$(饱和)、Na_2S($0.1\ mol \cdot L^{-1}$)、Na_2SO_4(饱和)、酚酞、甲基橙、NaAc-HAc 缓冲溶液

材料:pH 试纸

☞ 实验内容

一、同离子效应

1.同离子效应和电离平衡

(1)测定 $0.1\ mol \cdot L^{-1}$ 氨水的 pH 值

取 1 mL $0.1\ mol \cdot L^{-1}$ 氨水,加 1 滴酚酞溶液,观察溶液的颜色,再加醋酸铵固体少许,观察溶液颜色变化,解释上述现象。

(2)测定 $0.1\ mol \cdot L^{-1}$ HAc 溶液的 pH 值

取 1 mL $0.1\ mol \cdot L^{-1}$ HAc 溶液,加 1 滴甲基橙,观察溶液的颜色,再加入少许固体 NH_4Ac,观察溶液颜色有何变化? 请解释之。

思考题:

若加氯化铵固体会发生什么现象? 在这一实验中为何 NH_4Ac 更合适?

2.同离子效应和沉淀平衡

在试管中加饱和碘化铅溶液约 1 mL,然后滴加 0.1 mol·L^{-1}碘化钾溶液 4～5 滴,振荡试管,观察有何现象,并说明为什么。

二、缓冲溶液的配制和性质

1.分别测定蒸馏水、0.1 mol·L^{-1}醋酸的 pH 值。

2.在两支各盛 5 mL 蒸馏水的试管中,分别加 1 滴 0.2 mol·L^{-1}盐酸和 0.2 mol·L^{-1}氢氧化钠,分别测定溶液的 pH 值,将实验测定结果填入表 12-1 中。

3.在一支试管中加 5 mL 0.2 mol·L^{-1}醋酸和 5 mL 0.2 mol·L^{-1}醋酸钠溶液,混合均匀,测定其 pH 值。将溶液均匀分为两份,一份加入 1 滴 0.2 mol·L^{-1}盐酸,另一份加 1 滴 0.2 mol·L^{-1}氢氧化钠,分别测定溶液的 pH,将实验测定结果填入表 11-1 中。

表 11-1　缓冲溶液 pH 测定

pH 值　　　　体系	纯水	5 mL 纯水中加 1 滴		缓冲溶液（HAc-NaAc）	5 mL 缓冲溶液中加 1 滴	
		0.2 mol·L^{-1} HCl	0.2 mol·L^{-1} NaOH		0.2 mol·L^{-1} HCl	0.2 mol·L^{-1} NaOH
实验测定值						
计算值						

分析上述三组实验结果,对缓冲溶液的性质作出结论。

思考题:

用同离子效应分析缓冲溶液的缓冲原理。

三、盐类水解

1.用 pH 试纸测定浓度为 0.1 mol·L^{-1}的表 12-2 中各溶液的 pH 值,将实验测定值与计算值填入表 11-2 中。

表 11-2　盐类水解的 pH 测定

pH 值　　0.1 mol·L^{-1}溶液	NH$_4$Cl	NH$_4$Ac	NaAc	NaCl	NaH$_2$PO$_4$	Na$_2$HPO$_4$	Na$_3$PO$_4$
实验测定值							
计算值							

思考题:

酸式盐是否一定呈酸性?

2.取少许固体硝酸铁,加水约 5 mL,溶解,观察溶液的颜色。将溶液分成三份,一份留作比较,第二份在小火上加热煮沸,在第三份中加几滴 6 mol·L^{-1}硝酸,观察现象,写出反应方程式,解释实验现象。

3.取三氯化锑固体少许,加 2～3 mL 水,溶解,有何现象? 测定该溶液的 pH 值。然后滴加 6 mol·L^{-1}HCl,振荡试管,有何现象? 取上述澄清的三氯化锑溶液,滴入 3～4 mL 水中,又有何现象? 写出反应方程式并解释实验现象。

思考题:

归纳影响水解平衡移动的因素。

四、沉淀平衡

1.沉淀溶解平衡

在离心试管中加 10 滴 0.1 mol·L⁻¹硝酸铅溶液,然后加 5 滴 1.0 mol·L⁻¹氯化钠,振荡试管,待沉淀完全后,离心分离。在溶液中加少许 0.5 mol·L⁻¹铬酸钾溶液,有什么现象?解释此现象。

思考题:

该实验能否说明"沉淀的转化"?为什么?

2.溶度积规则应用

(1)在试管中加 1 mL 0.1 mol·L⁻¹硝酸铅溶液,加入等体积 0.1 mol·L⁻¹碘化钾溶液,观察有无沉淀生成。

(2)用 0.001 mol·L⁻¹硝酸铅和 0.001 mol·L⁻¹碘化钾溶液进行实验,观察现象。

试用溶度积规则解释。

3.分步沉淀

在试管中注入 0.1 mol·L⁻¹氯化钠和 0.1 mol·L⁻¹铬酸钾溶液各 1 mL,然后边振荡试管边逐滴加入 0.1 mol·L⁻¹硝酸银溶液,有哪些沉淀物生成?观察沉淀物颜色及颜色变化,用溶度积规则解释实验现象。

思考题:

某学生在加硝酸银溶液后,看到有棕色沉淀生成,而且"沉淀颜色不变"。试分析其操作上的错误和颜色不变的原因。

五、沉淀的溶解和转化

1.取 2 滴 1 mol·L⁻¹氯化钡溶液,加 3 滴饱和草酸铵溶液,观察沉淀的生成。离心分离,弃去溶液,在沉淀物上加数滴 6 mol·L⁻¹盐酸溶液,有什么现象?写出反应方程式,说明为什么。

2.取 5 滴 0.1 mol·L⁻¹硝酸银溶液,加 2 滴 1 mol·L⁻¹氯化钠溶液,观察沉淀的生成。再逐滴加入 6 mol·L⁻¹氨水,有什么现象?写出反应方程式,说明为什么。

3.取 10 滴 0.1 mol·L⁻¹硝酸银溶液,加 3～4 滴 0.1 mol·L⁻¹硫化钠溶液,观察沉淀的生成。离心分离,弃去溶液,在沉淀物上加少许 6 mol·L⁻¹硝酸,加热,有何现象?写出反应方程式,说明为什么。

思考题:

沉淀在什么条件下溶解?

4.在离心试管中,加 5 滴 0.1 mol·L⁻¹硝酸铅溶液,加 3 滴 1 mol·L⁻¹氯化钠溶液,待沉淀完全后,离心分离,用 0.5 mL 蒸馏水洗涤一次。在氯化铅沉淀中,加 3 滴 0.1 mol·L⁻¹碘化钾溶液,观察沉淀的转化和颜色的变化。按上述操作先后加入 10 滴饱和硫酸钠溶液、5 滴 0.5 mol·L⁻¹铬酸钾溶液、5 滴 0.1 mol·L⁻¹硫化钠溶液,每加一种新的溶液后,观察沉淀的转化和颜色的变化。用上述生成物溶解度数据解释实验中出现的各种现象,总结沉淀转化的条件。

思考题：

能否用各生成物的 K_{sp} 数据来说明？为什么？

☞ 实验习题

1.把 0.1 mol·L^{-1} 的氨水、醋酸、盐酸、氢氧化钠、硫化氢溶液、蒸馏水按 pH 值由小到大排列成序。

2.两种溶液：

(1)0.1 mol·L^{-1} 盐酸 10 mL 与 0.2 mol·L^{-1} 氨水 10 mL 混合。

(2)0.2 mol·L^{-1} 盐酸 10 mL 与 0.1 mol·L^{-1} 氨水 10 mL 混合。

以上两体系是否均属缓冲溶液？为什么？

3.配制 0.1 mol·L^{-1} SnCl$_2$ 溶液 50 mL，应如何正确操作？

4.用三氯化铁、二氯化镁、氢氧化钠三种溶液，设计一个分步沉淀实验，并预言实验现象。

附注：

一、pH 试纸的使用

1.检查溶液的酸碱性：将 pH 试纸剪成小块，放在洁净干燥的白瓷板或玻璃片上。用玻璃棒蘸一下待测溶液，并与 pH 试纸接触，根据 pH 试纸颜色找出与标准比色卡上色调相近者，其 pH 值即为待测溶液的 pH 值。

2.检查气体的酸碱性：将 pH 试纸用蒸馏水湿润，贴在玻璃片(棒)上置于试管口(不能与试管接触)，根据 pH 试纸变色(变红还是变蓝)确定逸出的气体是酸性的还是碱性的。这种方法不能用来测 pH 值。

二、Pb(Ac)$_2$ 试纸的使用

用蒸馏水将试纸润湿，置试纸于待检物的试管口，如试纸变黑表示有 H$_2$S 气体逸出。

实验 12　醋酸电离度和电离常数的测定

> ❋ **实验目的**
>
> 　测定醋酸的电离度和电离常数;学习使用 pH 计。

　　醋酸(CH_3COOH 或 HAc)是弱电解质,在水溶液中存在以下电离平衡:

$$HAc \Longrightarrow H^+ + Ac^-$$

　　若 c 为醋酸的起始浓度,$[H^+]$、$[Ac^-]$、$[HAc]$ 分别为 H^+、Ac^-、HAc 的平衡浓度,α 为电离度,K_i 为电离常数。在醋酸溶液中 $[H^+]=[Ac^-]=c\alpha$,$[HAc]=c \cdot (1-\alpha)$,则

$$\alpha = \frac{[H^+]}{c} \times 100\%$$

$$K_i = \frac{[H^+][Ac^-]}{[HAc]} = \frac{[H^+]^2}{c-[H^+]}$$

　　当 $\alpha < 5\%$ 时,$c-[H^+] \approx c$,故 $K_i = \dfrac{[H^+]^2}{c}$。所以测定了已知浓度的醋酸溶液的 pH 值,就可以计算它的电离度和电离常数。

　　思考题:

　　1.若所用的醋酸浓度极稀,是否还能用 $K_i = \dfrac{[H^+]^2}{c}$ 式计算电离常数? 为什么?

　　2.实验中醋酸及 Ac^- 离子浓度是怎样测得的?

☞ 实验用品

　　仪器:滴定管(碱式)、吸管(10.00 mL 含刻度、25.00 mL)、锥形瓶、容量瓶(50.00 mL)、烧杯(50 mL)、pH 计

　　液体药品:HAc(1.000 mol·L^{-1})、NaOH 标准液(0.200 0 mol·L^{-1})、酚酞指示剂

☞ 实验内容

一、醋酸溶液浓度的测定

以酚酞为指示剂,用已知浓度的氢氧化钠溶液测定醋酸的浓度,把结果填入表 12-1:

表 12-1　醋酸浓度的测定

滴定序号		Ⅰ	Ⅱ	Ⅲ
NaOH 溶液的浓度/mol·L^{-1}				
HAc 溶液的用量/mL				
NaOH 溶液的用量/mL				
HAc 溶液的浓度/mol·L^{-1}	测定值			
	平均值			

思考题：

应选用哪些仪器？如何正确地进行测定操作？

二、配制不同浓度的醋酸溶液

用吸管分别取 25.00 mL、10.00 mL、5.00 mL、2.50 mL 已测得准确浓度的醋酸溶液，把它们分别加入 4 个 250.0 mL 容量瓶中，再用蒸馏水稀释到刻度，摇匀，计算出这 4 瓶醋酸溶液的准确浓度。

三、测定醋酸溶液的 pH 值，并计算醋酸的电离度和电离常数

把以上四种不同浓度的醋酸溶液分别加入 4 个洁净干燥的 50 mL 烧杯中，按由稀到浓的次序用 pH 计分别测定它们的 pH 值，记录数据和室温。计算电离度和电离常数(表 12-2)。

表 12-2　醋酸溶液的 pH 值和电离度

温度＿＿℃

溶液编号	c/mol·L^{-1}	pH	[H$^+$]/mol·L^{-1}	α	电离常数 K	
					测定值	平均值
1						
2						
3						
4						

本实验测定 K 值在 $1.0×10^{-5}$～$2.0×10^{-5}$ 范围内合格(文献值 $1.7×10^{-5}$)。

思考题：

1.烧杯是否必须烘干？还可以作怎样的处理？

2.测定 pH 值时，为什么要按从稀到浓的次序进行？

☞ 实验习题

1.改变所测醋酸溶液的浓度或温度，则电离度和电离常数有无变化？若有变化，会有怎样的变化？

2.做好本实验的关键操作是什么？

3.用 pH 计测定溶液的 pH 值应如何正确操作？

实验 13　氧化还原反应

❋**实验目的**

　　学会装配原电池；掌握电极的本性、电对的氧化型或还原型物质的浓度、介质的酸度对电极电势及氧化还原反应的方向、产物和速率的影响；通过实验了解化学电池电动势。

☞ **实验用品**

　　仪器：试管、烧杯、伏特计（或酸度计）、检流器、表面皿、U 形管

　　固体药品：琼脂、氟化铵

　　液体药品：HAc（2 mol·L⁻¹）、H_2SO_4（1 mol·L⁻¹）、NaOH（6 mol·L⁻¹）、$NH_3·H_2O$（浓）、Na_2SO_3（0.1 mol·L⁻¹）、$ZnSO_4$（1 mol·L⁻¹）、$CuSO_4$（0.01 mol·L⁻¹、1 mol·L⁻¹）、KI（0.1 mol·L⁻¹）、KBr（0.1 mol·L⁻¹）、$FeCl_3$（0.1 mol·L⁻¹）、$NH_4Fe(SO_4)_2$（0.1 mol·L⁻¹）、$(NH_4)_2Fe(SO_4)_2$（0.1 mol·L⁻¹、1 mol·L⁻¹）、H_2O_2（3%）、KIO_3（0.1 mol·L⁻¹）、溴水、碘水（0.1 mol·L⁻¹）、KCl（饱和）、环己烷、淀粉溶液（0.4%）、$KMnO_4$（0.01 mol·L⁻¹）

　　材料：电极（锌片、铜片）、回形针、红色石蕊试纸、导线、砂纸、滤纸

☞ **实验内容**

一、电极电势和氧化还原反应

　　1.在试管中加入 0.5 mL 0.1 mol·L⁻¹碘化钾溶液和 2 滴 0.1 mol·L⁻¹三氯化铁溶液，摇匀后加入 2～3 滴环己烷，充分振荡，观察环己烷层颜色有无变化。

　　2.用 0.1 mol·L⁻¹溴化钾溶液代替碘化钾溶液进行同样实验，观察现象。

　　3.往两支试管中分别加入 3 滴碘水、溴水，然后加入 0.5 mL 0.1 mol·L⁻¹$(NH_4)_2Fe(SO_4)_2$溶液，摇匀后，注入 2～3 滴环己烷，充分振荡，观察环己烷层颜色有无变化。

　　根据上述实验现象定性地比较 Br_2/Br^-、I_2/I^-、Fe^{3+}/Fe^{2+} 三个电对的电极电势高低。

　　思考题：

　　1.上述电对中哪个物质是最强氧化剂？哪个物质是最强还原剂？

　　2.若用适量氯水分别与溴化钾、碘化钾溶液反应并加入环己烷，估计环己烷层的颜色。

二、浓度对电极电势影响

　　1.在六孔井穴板的两个孔中，分别加入适量的 1 mol·L⁻¹硫酸锌和 1 mol·L⁻¹硫酸铜溶

液。在硫酸锌溶液中插入锌片,硫酸铜溶液中插入铜片,中间以盐桥相通。用导线将锌片和铜片分别与伏特计(或酸度计)的负极和正极相接,测量两极之间的电压(图 13-1)。

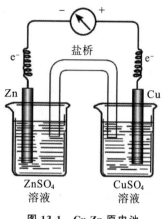

在硫酸铜溶液中滴入浓氨水至生成的沉淀溶解为止,形成深蓝色溶液:

$$Cu^{2+} + 4NH_3 \rightleftharpoons [Cu(NH_3)_4]^{2+}$$

观察原电池的电压有何变化。

再在硫酸锌溶液中,加浓氨水至生成的沉淀完全溶解为止:

$$Zn^{2+} + 4NH_3 \rightleftharpoons [Zn(NH_3)_4]^{2+}$$

观察电压又有何变化。利用奈斯特方程式来解释实验现象。

图 13-1　Cu-Zn 原电池

* 2.自行设计并测定 $Cu \mid CuSO_4(0.01\ mol \cdot L^{-1}) \parallel CuSO_4(1\ mol \cdot L^{-1}) \mid Cu$ 浓差电池电动势。将实验测定值与计算值比较。

三、酸度和浓度对氧化还原反应的影响

1.酸度的影响

(1)在三支试管中,各滴入 0.5 mL 0.1 mol·L^{-1}亚硫酸钠溶液,在第一支试管中滴入 0.5 mL 1 mol·L^{-1}硫酸溶液,第二支试管中加 0.5 mL 水,第三支试管中滴入 0.5 mL 6 mol·L^{-1}氢氧化钠溶液,然后往三支试管中各滴 2～3 滴 0.01 mol·L^{-1}高锰酸钾溶液,观察颜色变化有何不同? 写出反应式。

(2)在试管中加入 0.5 mL 0.1 mol·L^{-1} KI 溶液和 2 滴 0.1 mol·L^{-1} KIO$_3$ 溶液,再加几滴淀粉溶液,混合后观察溶液颜色有无变化。然后加 2～3 滴 1 mol·L^{-1} H$_2$SO$_4$ 溶液酸化,观察有什么变化。最后加 2～3 滴 6 mol·L^{-1} NaOH 使混合液显碱性,观察又有什么变化。写出有关反应式。

2.浓度的影响

(1)往盛有水、环己烷和 0.1 mol·L^{-1}硫酸铁铵溶液各 0.5 mL 的试管中,滴入 0.5 mL 0.1 mol·L^{-1}碘化钾溶液,振荡后观察环己烷层的颜色。

(2)往盛有水、环己烷和 0.1 mol·L^{-1}硫酸铁铵溶液各 0.5 mL 的试管中,加入少许 NH$_4$F 固体并振荡试管,然后滴入 0.5 mL 0.1 mol·L^{-1}碘化钾溶液,振荡后观察环己烷层的颜色。与实验(1)相比较,说明浓度对氧化还原反应方向的影响。

(3)往盛有环己烷、1 mol·L^{-1}硫酸亚铁铵和 0.1 mol·L^{-1}硫酸铁铵溶液各 0.5 mL 的试管中,注入 0.5 mL 0.1 mol·L^{-1}碘化钾溶液,振荡后观察环己烷层的颜色。与实验(1)中环己烷层颜色有无区别?

四、酸度对氧化还原反应速率的影响

在两支各盛 0.5 mL 0.1 mol·L^{-1}溴化钾溶液的试管中,分别加 0.5 mL 1 mol·L^{-1}硫酸和 2 mol·L^{-1}醋酸溶液,然后各加 2 滴 0.01 mol·L^{-1}高锰酸钾溶液,观察并比较两支试管中紫红色褪去的快慢,分别写出反应方程式。

五、氧化数居中的物质的氧化还原性

(1)在试管中加入 0.5 mL 0.1 mol·L^{-1} KI 和 2～3 滴 1 mol·L^{-1} H$_2$SO$_4$,再加入 1～2 滴 3％ H$_2$O$_2$,观察溶液颜色的变化。

(2)在试管中加入 2 滴 0.01 mol·L^{-1} KMnO$_4$ 溶液,再加入 3 滴 1 mol·L^{-1} H$_2$SO$_4$ 溶液,摇匀后滴加 2 滴 3％H$_2$O$_2$,观察溶液颜色的变化。

思考题:

为什么 H$_2$O$_2$ 既有氧化性,又有还原性? 试从电极电势予以说明。

☞ 实验习题

1.从实验结果讨论氧化还原反应和哪些因素有关。

2.电解硫酸钠溶液为什么得不到金属钠?

3.什么叫浓差电池? 写出"二、2"的电池符号及电池反应式,并计算电极电势。

4.介质对 KMnO$_4$ 的氧化性有何影响? 用本实验事实及电极电势予以说明。

附注:

一、盐桥的制法

称取 1 g 琼脂,放在 100 mL 饱和的氯化钾溶液中浸泡一会儿,加热煮成糊状,趁热倒入 U 形玻璃管(里面不能留有气泡)中,冷却后即成。

更为简便的方法:可用饱和氯化钾溶液装满 U 形玻璃管,两管口以小棉花球塞住(管里面不要留有气泡)即可使用。实验中所使用的盐桥也可用素烧瓷筒代替。

二、电极的处理

电极的锌片、铜片要用砂纸擦干净,以免增大电阻。

实验 14　银氨配离子配位数的测定

☞ 预习与思考

1.复习配位原理和溶度积等基本概念。

2.思考下列问题：

在计算平衡浓度$[Br^-]$、$[Ag(NH_3)_n^+]$和$[NH_3]$时，为什么可以忽略生成 AgBr 沉淀时所消耗的 Br^- 离子和 Ag^+ 离子的浓度，同时也可忽略$[Ag(NH_3)_n]^+$电离出来的 Ag^+ 离子浓度以及生成$[Ag(NH_3)_n]^+$时所消耗的 NH_3 的浓度？

基本原理：

在硝酸银水溶液中加入过量的氨水，即生成稳定的银氨配离子$[Ag(NH_3)_n]^+$。再往溶液中加入溴化钾溶液，直到刚出现溴化银沉淀消失为止，这时混合液中同时存在着如下平衡：

$$Ag^+ + nNH_3 \rightleftharpoons [Ag(NH_3)_n]^+$$

$$\frac{[Ag(NH_3)_n^+]}{[Ag^+][NH_3]^n} = K_稳 \tag{1}$$

$$AgBr(s) \rightleftharpoons Ag^+ + Br^-$$

$$[Ag^+][Br^-] = K_{sp} \tag{2}$$

(1)式×(2)式得：

$$\frac{[Ag(NH_3)_n^+][Br^-]}{[NH_3]^n} = K_稳 \cdot K_{sp} = K \tag{3}$$

整理(3)式得：　　　　　$[Ag(NH_3)_n^+][Br^-] = K \cdot [NH_3]^n \tag{4}$

$[Br^-]$、$[NH_3]$和$[Ag(NH_3)_n^+]$皆是平衡时的浓度$(mol \cdot L^{-1})$，它们可以近似地计算如下：

设最初取用的 $AgNO_3$ 溶液的体积为 V_{Ag^+}，浓度为$[Ag^+]_0$，加入的氨水（过量）和滴定时所需溴化钾溶液的体积分别为 V_{NH_3} 和 V_{Br^-}，其浓度分别为$[NH_3]_0$和$[Br^-]_0$，混合溶液的总体积为$V_总$，则平衡时体系各组分的浓度近似为：

$$[Br^-] = [Br^-]_0 \times \frac{V_{Br^-}}{V_总} \tag{5}$$

$$[Ag(NH_3)_n^+] = [Ag^+]_0 \times \frac{V_{Ag^+}}{V_总} \tag{6}$$

$$[NH_3] = [NH_3]_0 \times \frac{V_{NH_3}}{V_总} \tag{7}$$

将(4)式两边取对数

$$\lg[Ag(NH_3)_n^+][Br^-]=n\lg[NH_3]+\lg K \tag{8}$$

以 $\lg[Ag(NH_3)_n^+][Br^-]$ 为纵坐标,$\lg[NH_3]$ 为横坐标作图,直线的斜率便是 $[Ag(NH_3)_n]^+$ 的配位数 n。

☞ 实验用品

仪器:锥形瓶(250 mL)、酸式滴定管(25.00 mL)

药品:$AgNO_3$(0.010 mol · L^{-1})、KBr(0.010 mol · L^{-1})、NH_3 · H_2O(2.0 mol · L^{-1})

☞ 实验内容

按照表(14-1)各编号所列数量依次加入 $AgNO_3$ 溶液、NH_3 · H_2O 和蒸馏水于各号锥形瓶中,在不断缓慢摇荡下从滴定管中逐滴加入 KBr 溶液,直到溶液开始出现浑浊不再消失为止(沉淀为何物?),记下所用 KBr 溶液的体积。

☞ 数据记录和处理

1.根据有关数据作图,求出 $[Ag(NH_3)_n]^+$ 配离子的配位数 n。

表 14-1　银氨配离子配位数测定的数据记录和处理

编号	V_{Ag^+} /mL	V_{NH3} /mL	V_{H2O} /mL	V_{Br^-} /mL	$V_总$ /mL	$[Ag(NH_3)_n^+]$	$[NH_3]$	$[Br^-]$	$\lg[Ag(NH_3)_n^+][Br^-]$	$\lg[NH_3]$
1	5.0	10.0	10.0							
2	5.0	8.8	11.2							
3	5.0	7.5	12.5							
4	5.0	6.3	13.7							
5	5.0	5.0	15.0							
6	5.0	3.8	16.2							
7	5.0	2.5	17.5							

2.查出 K_{sp},并求出 $K_稳$ 值。

实验 15　磺基水杨酸合铁(Ⅲ)配合物的组成及其稳定常数的测定

❋**实验目的**

　　了解光度法测定配合物的组成及其稳定常数的原理和方法;测定 pH<2.5 时磺基水杨酸铁的组成及其稳定常数;学习分光光度计的使用。

　　磺基水杨酸(），简式为 H_3R)与 Fe^{3+} 可以形成稳定的配合物,因溶液 pH 不同,形成配合物的组成也不同。本实验将测定 pH<2.5 时,所形成红褐色的磺基水杨酸合铁(Ⅲ)配离子的组成及其稳定常数。

　　测定配合物的组成常用光度法。其基本原理如下:

　　当一束波长一定的单色光通过有色溶液时,一部分光被溶液吸收,一部分光透过溶液。对光被溶液吸收和透过的程度,通常有两种表示方法:

　　一种是用透光率 T 表示,即透过光的强度 I_t 与入射光的强度 I_0 之比:

$$T = \frac{I_t}{I_0}$$

　　另一种是用吸光度 A(又称消光度、光密度)来表示,它是取透光率的负对数:

$$A = -\lg T = \lg \frac{I_0}{I_t}$$

　　A 值大表示光被有色溶液吸收的程度大,反之 A 值小,光被溶液吸收的程度小。

　　实验结果证明:有色溶液对光的吸收程度与溶液的浓度 c 和光穿过的液层厚度 l 的乘积成正比。这一规律称朗伯—比耳定律:

$$A = \varepsilon c l$$

式中 ε 是消光系数(或吸光系数)。当波长一定时,它是有色物质的一个特征常数。

　　由于所测溶液中,磺基水杨酸是无色的,Fe^{3+} 溶液的浓度很稀,也可认为是无色的,只有磺基水杨酸铁配离子(MR_n)是有色的。因此,溶液的吸光度只与配离子的浓度成正比。通过对溶液吸光度的测定,可以求出该配离子的组成。

　　下面介绍一种常用的测定方法:

　　等摩尔系列法:即用一定波长的单色光,测定一系列变化组分的溶液的吸光度(中心离子 M 和配体 R 的总摩尔数保持不变,而 M 和 R 的摩尔分数连续变化)。显然,在这一系列溶液中,有一些溶液的金属离子是过量的,而另一些溶液配体是过量的。在这两部分溶液中,配离子的浓度都不可能达到最大值;只有当溶液中金属离子与配体的摩尔数之比与配离子的组成一致时,配离子的浓度才能最大。由于中心离子和配体基本无色,只有配离子有色,所以配离子的浓度越大,溶液颜色越深,其吸光度也就越大。若以吸光度对配体的摩尔分数作图,则从图上最大吸收峰处可以求得配合物的组成 n 值。如图 15-1 所示,根据最大吸收处:

$$配体摩尔分数 = \frac{配体物质的量}{总物质的量} = 0.5$$

$$中心离子摩尔分数 = \frac{中心离子物质的量}{总物质的量} = 0.5$$

由此可知该配合物的组成是 MR。

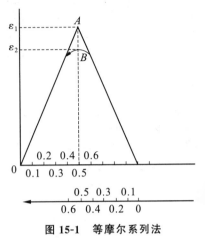

图 15-1　等摩尔系列法

由图 15-1 可看出,最大吸光度(A 点)可被认为是 M 和 R 全部形成配合物时的吸光度,其值为 ε_1。由于配离子有一部分离解,其浓度要稍小一些,所以实验测得的最大吸光度在 B 点,其值为 ε_2,因此配离子的离解度 α 可表示为:

$$\alpha = \frac{\varepsilon_1 - \varepsilon_2}{\varepsilon_1}$$

再根据 1∶1 组成配合物的关系式即可导出稳定常数 K。

$$M + R = MR$$

平衡浓度 　　　　$c\alpha \quad c\alpha \quad c - c\alpha$

$$K = \frac{[MR]}{[M][R]} = \frac{1 - \alpha}{c\alpha^2}$$

式中 c 是相应于 A 点的金属离子浓度。

思考题:

1.用等摩尔系列法测定配合物组成时,为什么说溶液中金属离子的摩尔数与配位体的摩尔数之比正好与配离子组成相同时,配离子的浓度最大?

2.用吸光度对配体的体积分数作图是否可求得配合物的组成?

☞ 实验用品

仪器:721 型分光光度计、烧杯、容量瓶(100 mL)、吸管(10 mL 带刻度)、锥形瓶

液体药品:$HClO_4$(0.01 mol·L^{-1})、磺基水杨酸(0.010 0 mol·L^{-1})、Fe^{3+} 溶液(0.010 0 mol·L^{-1})

☞ 实验内容

一、配制系列溶液

1.配制 0.001 00 mol·L^{-1} Fe^{3+} 溶液:精确吸取 10.0 mL 0.010 0 mol·L^{-1} Fe^{3+} 溶液,注入 100 mL 容量瓶中,用 0.01 mol·L^{-1} $HClO_4$ 溶液稀释至刻度,摇匀备用。

同法配制 0.001 00 mol·L^{-1} 磺基水杨酸溶液。

2.用三支 10 mL 刻度吸管按表 17-1 列出的体积数,分别吸取 0.01 mol·L^{-1} $HClO_4$、0.001 00 mol·L^{-1} Fe^{3+} 溶液和 0.001 00 mol·L^{-1} 磺基水杨酸溶液,注入 11 只 50 mL 锥形瓶中,摇匀。

思考题：

在测定中为什么要加高氯酸，且高氯酸浓度比铁(Ⅲ)离子大 10 倍？

二、测定系列溶液的吸光度

用 721 型分光光度计(用波长为 500 nm 的光源)测系列溶液的吸光度。将测得的数据记入表 15-1。

表 15-1　溶液吸光度的测定

序号	HClO₄ 溶液的体积/mL	Fe³⁺ 溶液的体积/mL	H₃R 溶液的体积/mL	H₃R 摩尔分数	吸光度
1	10.0	10.0	0.0		
2	10.0	9.0	1.0		
3	10.0	8.0	2.0		
4	10.0	7.0	3.0		
5	10.0	6.0	4.0		
6	10.0	5.0	5.0		
7	10.0	4.0	6.0		
8	10.0	3.0	7.0		
9	10.0	2.0	8.0		
10	10.0	1.0	9.0		
11	10.0	0.0	10.0		

以吸光度对磺基水杨酸的摩尔分数作图，从图中找出最大吸收峰，求出配合物的组成和稳定常数。

☞ 实验习题

1.在测定吸光度时，如果温度变化较大，对测得的稳定常数有何影响？

2.实验中，每个溶液的 pH 值是否一样？ 如不一样对结果有何影响？

3.使用分光光度计要注意哪些操作？

附注：

一、药品的配制

高氯酸($0.01\ mol \cdot L^{-1}$)：用 4.4 mL 70% $HClO_4$ 注入 50 mL 水中，再稀释到 5 000 mL。

Fe^{3+} 溶液($0.0100\ mol \cdot L^{-1}$)：用分析纯硫酸铁铵(NH_4)$Fe(SO_4)_2 \cdot 12H_2O$ 晶体溶于 $0.01\ mol \cdot L^{-1}$ 高氯酸中配制而成。

磺基水杨酸($0.0100\ mol \cdot L^{-1}$)：用分析纯磺基水杨酸溶于 $0.01\ mol \cdot L^{-1}$ 高氯酸配制而成。

二、本实验测得的是表观稳定常数，如欲得到热力学稳定常数，还需要控制测定时的温度、溶液的离子强度以及配位体在实验条件下的存在状态等因素。

三、721 型分光光度计

1.仪器的基本结构

721 分光光度计的光学系统如图 15-2 所示。

图 15-2　分光光度计的结构示意图

由光源灯发出的连续辐射光线,射到聚光透镜上,会聚后再经过平面镜转角 90°,反射至入射狭缝,由此射到单色光器内。狭缝正好位于球面准直线的焦面上,入射光线经过准直镜反射后就以一束平行光射向棱镜(该棱镜的背面镀铝),光线进入棱镜后,在其中色散,入射角在最小偏向角,入射光在铝面上反射后依原路稍偏转一个角度反射回来,这样从棱镜色散后出来的光线再经过物镜反射后,就会聚在出射狭缝上。出射狭缝和入射狭缝是一体的。为了减少谱线通过棱镜后呈弯曲形状对单色性的影响,因此把狭缝的二片刀口做成弧形的,以便近似地吻合谱线的弯曲度,保证了仪器有一定幅度的单色性。

仪器的面板如图 15-3 所示。

图 15-3　721 型分光光度计

2.操作步骤

(1)使用本仪器前,应了解本仪器的工作原理和各个操作旋钮的功能。

(2)将仪器的电源开关接通,指示灯即亮。打开比色皿暗箱盖,选择需用的单色波长,调节零电位器,使微安表头指"0",然后将比色皿暗箱盖合上,此时比色皿座处于蒸馏水校正位置,使光电管受光,旋转调"100％"电位器,使表头指到满度附近。仪器需预热 20 分钟。

(3)仪器预热后,连续几次调"0"和"100％",仪器即可开始测定工作。

(4)将装有待测液的比色皿推入光路,此时微安表头所指的吸光读数,即为该溶液的吸光度。

3.注意事项

(1)测定时,比色皿要用被测液润洗 2～3 次,以避免被测液浓度改变。

(2)要用吸水纸将附着在比色皿外表面的液迹擦干。擦时应注意保护其透光面,勿使之产生划痕。拿比色皿时,手指只能捏住毛玻璃的两面。

(3)比色皿放入比色皿架内时,应注意它们的位置,尽量使它们前后一致,否则容易产生误差。

(4)为了防止光电管疲劳,在不测定时,应经常使暗箱盖处于开启位置。连续使用仪器的时间一般不应超过两小时,最好是间歇半小时后再继续使用。

(5)测定时,应尽量使吸光度在 0.1～0.65 之间,这样可以得到较高的准确度。

(6)仪器不能受潮,使用中应注意放大器和单色器上的两个硅胶干燥筒(在仪器底部)里的防潮硅胶是否变色,如果硅胶的颜色已变红,应立即取出更换。

(7)比色皿用过后,要及时洗净,并用蒸馏水荡洗,倒置晒干后存放在比色皿盒内。

实验 16　配合物

> ※实验目的
>
> 　　比较配合物与简单化合物的复盐的区别,了解配位平衡与沉淀反应、氧化还原反应及溶液酸碱性的关系;了解螯合物的形成条件。

☞ 实验用品

　　仪器:试管、白瓷点滴板、滴管

　　液体药品:H_2SO_4(1 mol·L^{-1})、NaOH(0.2 mol·L^{-1}、6 mol·L^{-1})、氨水(2 mol·L^{-1}、0.1 mol·L^{-1})、Na_2S(0.1 mol·L^{-1})、$CuSO_4$(0.1 mol·L^{-1})、$BaCl_2$(1 mol·L^{-1})、$Fe(NO_3)_3$(0.1 mol·L^{-1})、$AgNO_3$(0.1 mol·L^{-1})、KBr(0.1 mol·L^{-1})、KI(0.1 mol·L^{-1})、KSCN(0.1 mol·L^{-1})、NH_4F(2 mol·L^{-1})、$(NH_4)_2C_2O_4$(饱和)、$Na_2S_2O_3$(0.1 mol·L^{-1})、$K_3[Fe(CN)_6]$(0.1 mol·L^{-1})、$NH_4Fe(SO_4)_2$(0.1 mol·L^{-1})、EDTA(0.1 mol·L^{-1})、邻菲罗啉(0.25%)、二乙酰二肟(1%)、无水乙醇、环己烷、$(NH_4)_2Fe(SO_4)_2$(0.1 mol·L^{-1})、$NiSO_4$(0.1 mol·L^{-1})、HCl(6 mol·L^{-1})、$FeCl_3$(1 mol·L^{-1})

☞ 实验内容

一、配合物与简单化合物及复盐的区别

　　1.取 0.5 mL 0.1 mol·L^{-1}硫酸铜溶液[①],逐滴加入2 mol·L^{-1}氨水,至产生沉淀后仍继续滴加氨水,直至变为深蓝色溶液。将此溶液分为三份,在一、二两份中分别滴加少量 0.2 mol·L^{-1}氢氧化钠溶液、1 mol·L^{-1}氯化钡溶液,有何现象? 将此现象与硫酸铜溶液中分别滴加氢氧化钠、氯化钡溶液的现象进行比较。解释这些现象。

　　在第三份中加入 0.5 mL 无水乙醇,静置一会儿,观察现象。

　　2.用实验说明铁氰化钾($K_3[Fe(CN)_6]$)是配合物,硫酸铁铵($NH_4Fe(SO_4)_2$)是复盐,写出实验步骤并进行实验。

　　思考题:

　　配合物与复盐的主要区别是什么? 如何判断某化合物是不是配合物?

---

　　① 在硫酸铜溶液中,Cu^{2+}与水分子结合成$[Cu(H_2O)_4]^{2+}$水合离子,这实际就是配合物,但一般习惯把水溶液中的水合离子仍当作简单离子。

二、配位平衡的移动

1.配离子之间的转化

取 0.5 mL 0.1 mol·L^{-1}FeCl$_3$ 溶液于试管中,滴加 2 滴 0.1 mol·L^{-1}硫氰化钾溶液,溶液呈何颜色? 然后滴加 2 mol·L^{-1}氟化铵溶液至溶液变为无色,再滴加饱和草酸铵溶液至溶液变为浅黄色。写出反应方程式并加以说明。

思考题:

怎样比较水溶液中配离子的稳定性?

2.配位平衡与沉淀溶解平衡

在试管中加入 2 滴 0.1 mol·L^{-1}硝酸银溶液,再滴入 2 滴 0.1 mol·L^{-1}溴化钾溶液,有什么现象? 再注入 2 mL 0.1 mol·L^{-1}硫代硫酸钠溶液,有什么现象? 再向试管中滴入 0.1 mol·L^{-1}碘化钾溶液,又有什么现象? 再向试管中滴入 0.1 mol·L^{-1}硫化钠溶液,又出现什么现象? 根据难溶物的溶度积和配离子的稳定常数解释上述一系列现象,并写出有关离子反应方程式。

3.配位平衡和氧化还原反应

取两支试管各加入 0.5 mL 0.1 mol·L^{-1}硝酸铁溶液,然后向一支试管中加入 0.5 mL 饱和草酸铵溶液,另一试管中加 0.5 mL 蒸馏水,再向两支试管中各加 0.5 mL 0.1 mol·L^{-1}碘化钾溶液和 2～3 滴环己烷,振荡试管,观察两支试管中环己烷层的颜色。解释实验现象。

4.配位平衡和酸碱反应

(1)在自制的硫酸四氨合铜溶液中,逐滴加入 1 mol·L^{-1}H$_2$SO$_4$ 溶液,直至溶液呈酸性,观察现象。

(2)往试管中滴加 0.1 mol·L^{-1} FeCl$_3$ 溶液 1 滴,加入 5 滴 0.1 mol·L^{-1}的 KSCN 溶液,观察现象;再加入 6 mol·L^{-1}的 NaOH 溶液 5 滴,振荡试管,有何现象? 再加入 6 mol·L^{-1} HCl 5～6 滴,边滴边振荡,观察现象。

三、螯合物的形成

1.分别在 10 滴硫氰酸铁溶液和 10 滴[Cu(NH$_3$)$_4$]$^{2+}$ 溶液(自己制备)中滴加 0.1 mol·L^{-1} EDTA 溶液,各有何现象产生? 解释发生的现象。

2.Fe^{2+} 离子与邻菲罗啉在微酸性溶液中反应

在白瓷点滴板上滴 1 滴 0.1 mol·L^{-1}硫酸亚铁铵溶液和 2～3 滴 0.25%邻菲罗啉溶液,观察现象。

3.Ni^{2+} 离子与二乙酰二肟反应生成内络盐沉淀

H$^+$ 离子浓度过大不利于 Ni^{2+} 离子生成内络盐,而 OH$^-$ 离子的浓度也不宜太高,否则会生成氢氧化镍沉淀。合适的酸度是 pH 为 5～10。

在白瓷点滴板上滴 1 滴 0.1 mol·L^{-1}硫酸镍溶液、1 滴 0.1 mol·L^{-1}氨水和 1 滴 1%二乙

酰二肟溶液,观察现象。

$$\text{Ni}^{2+} + 2 \quad \begin{array}{c} \text{H}_3\text{C}-\text{C}=\text{NOH} \\ | \\ \text{H}_3\text{C}-\text{C}=\text{NOH} \end{array} = \begin{array}{c} \text{H}_3\text{C}-\text{C}=\text{N} \quad \text{N}=\text{C}-\text{CH}_3 \\ \text{Ni} \\ \text{H}_3\text{C}-\text{C}=\text{N} \quad \text{N}=\text{C}-\text{CH}_3 \end{array} \downarrow + 2\text{H}^+$$

☞ 实验习题

1.总结本实验中所观察到的现象,说明有哪些因素影响配位平衡。

2.为什么硫化钠溶液不能使亚铁氰化钾溶液产生硫化亚铁沉淀,而饱和的硫化氢溶液能使铜氨配合物的溶液产生硫化铜沉淀?

3.实验中所用的 EDTA 是什么物质? 它与金属离子形成配离子有何特点? 写出 Fe^{3+} 离子与 EDTA 形成配离子的结构式。

附注:

1.银氨配合物不能贮存,因放置时(天热时不到一天)会析出有强爆炸性的氮化银 Ag_3N 沉淀。为了破坏溶液中的银氨配离子,可加盐酸,使它转化为氯化银,回收。

2.溴化银、碘化银与硫代硫酸钠溶液反应时,硫代硫酸钠浓度不能太大,否则碘化银也会溶解。一般情况,$1 \ mol \cdot L^{-1}$ 以下的硫代硫酸钠不会使碘化银溶解,$2 \ mol \cdot L^{-1}$ 的硫代硫酸钠会使碘化银部分溶解,饱和硫代硫酸钠会使碘化银全部溶解。

第四部分

元素及其化合物实验

实验 17　p 区重要非金属化合物的性质

❋**实验目的**

　　1.通过实验,进一步掌握下列物质的性质:

　　(1)卤素单质的氧化性、卤素阴离子和卤化氢的还原性及其递变规律。

　　(2)过氧化氢、硫化氢及硫化物的性质。

　　(3)次氯酸盐和氯酸盐的氧化性及酸度对它们氧化性的影响。

　　(4)亚硫酸、硫代硫酸、亚硝酸及其盐的性质。

　　2.了解氯、溴、氯酸盐、硫化氢、氮的氧化物等的毒性及安全知识。

p 区重要非金属化合物性质简介:

1.含氧酸及其盐的性质

族	物质	氧化值	主要性质	反应举例
ⅦA	次氯酸	+1	有强氧化性	$ClO^- + Cl^- + 2H^+ \rightarrow Cl_2\uparrow + H_2O$ （浓 HCl）
	氯酸盐	+5	在酸性介质中具有强氧化性	$ClO_3^- + 6I^- + 6H^+ \rightarrow Cl^- + 3I_2 + 3H_2O$
ⅥA	亚硫酸及其盐	+4	1.既有氧化性又有还原性,但以还原性为主	$5H_2SO_3 + 2MnO_4^- \rightarrow 5SO_4^{2-} + 2Mn^{2+} + 4H^+ + 3H_2O$ $H_2SO_3 + 2H_2S \rightarrow 3S\downarrow + 3H_2O$
			2.亚硫酸的热稳定性差,易分解	$H_2SO_3 \rightarrow SO_2\uparrow + H_2O$
	硫代硫酸及其盐	+2	1.具有还原性,为中强还原剂。与强氧化剂(如 Cl_2、Br_2 等)作用被氧化成硫酸盐,与较弱氧化剂(如 I_2)作用被氧化为连四硫酸盐	$S_2O_3^{2-} + 4Cl_2 + 5H_2O \rightarrow 2SO_4^{2-} + 8Cl^- + 10H^+$ $2S_2O_3^{2-} + I_2 \rightarrow S_4O_6^{2-} + 2I^-$
			2.硫代硫酸极不稳定,易分解	$S_2O_3^{2-} + 2H^+ \rightarrow S\downarrow + SO_2\uparrow + H_2O$

族	物质	氧化值	主要性质		反应举例
ⅥA	硫酸及其盐	+6	1.浓硫酸具有强氧化性		$2NaBr(s)+2H_2SO_4(浓)\rightarrow Br_2+SO_2\uparrow+$ $Na_2SO_4+2H_2O$
			2.浓 H_2SO_4 具有强吸水性和脱水性		$C_{12}H_{22}O_{11}\xrightarrow{浓\ H_2SO_4}12C+11H_2O$
			3.稀 H_2SO_4、硫酸盐无氧化性		在氧化还原反应中,常选用稀 H_2SO_4 作为反应的酸介质
	过二硫酸盐	+6,结构中有过氧链	1.过硫酸盐的热稳定性差,加热易分解		$K_2S_2O_8\xrightarrow{\triangle}K_2SO_4+SO_2\uparrow+O_2\uparrow$
			2.具有强氧化性		$2Mn^{2+}+5S_2O_8^{2-}+8H_2O\xrightarrow[Ag^+]{\triangle}2MnO_4^-+$ $10SO_4^{2-}+16H^+$
ⅤA	亚硝酸及其盐	+3	1.亚硝酸极不稳定,易分解		$2HNO_2\rightleftharpoons N_2O_3(蓝色)+H_2O$ $\Downarrow$ $NO\uparrow+NO_2\uparrow(红棕色)$
			2.既有氧化性又有还原性,但以氧化性为主。亚硝酸盐溶液在酸性中才显氧化性		$2NO_2^-+2I^-+4H^+\rightarrow2NO\uparrow+I_2+2H_2O$ $2MnO_4^-+5NO_2^-+6H^+\longrightarrow2Mn^{2+}+5NO_3^-+$ $3H_2O$

2.硫化氢和硫化物的性质

物质	性质	举例
硫化氢	有毒,有强还原性	$H_2S+2Fe^{3+}\rightarrow2Fe^{2+}+S\downarrow+2H^+$ $2H_2S+O_2\rightarrow2S\downarrow+2H_2O$ $2H_2S+3O_2\rightarrow2SO_2\uparrow+2H_2O$
硫化物	除碱金属(包括 NH_4^+)的硫化物外,大多数硫化物难溶于水,并具有特征的颜色,根据硫化物在酸中的溶解情况,可分为四类: 1.溶于稀酸(HCl)的硫化物 2.难溶于稀酸(HCl),易溶于较浓 HCl 的硫化物 3.难溶于稀 HCl、浓 HCl,易溶于 HNO_3 的硫化物 4.在 HNO_3 中也难溶,而溶于王水的硫化物	ZnS(白色)、MnS(肉色)、FeS(黑色)等 CdS(亮黄色)、PbS(黑色)等 CuS(黑色)、Ag_2S(黑色) HgS(黑色)

☞ 实验内容

一、H_2S 的还原性

取 $0.01\ mol\cdot L^{-1}KMnO_4$ 溶液 2 滴,用 $1\ mol\cdot L^{-1}H_2SO_4$ 酸化,再加数滴 H_2S 水溶液,观察现象。写出离子反应方程式。

二、H_2O_2 的性质

用 $3\%\ H_2O_2$、$0.1\ mol\cdot L^{-1}KI$、$0.01\ mol\cdot L^{-1}KMnO_4$、$1\ mol\cdot L^{-1}H_2SO_4$、$MnO_2(s)$,设

计一组实验,验证 H_2O_2 的氧化还原性和易分解的特征。写出对应的离子反应方程式。

三、硫化物的溶解性

1.在离心试管中加入 0.2 mol·L^{-1} $ZnSO_4$ 溶液 0.5 mL,滴加 0.1 mol·L^{-1} Na_2S 溶液 3～4 滴,观察现象。离心分离,弃去溶液,并洗涤沉淀两次。在沉淀中滴加 1 mol·L^{-1} HCl 溶液,观察沉淀是否溶解。写出沉淀的生成和溶解的离子反应方程式。

2.在离心试管中加入 0.2 mol·L^{-1} $CdSO_4$ 溶液 0.5 mL,滴加 0.1 mol·L^{-1} Na_2S 溶液 3～4 滴,观察现象。离心分离,弃去溶液,并洗涤沉淀两次,然后把沉淀分成两份,分别试验 CdS 沉淀在 1 mol·L^{-1} HCl 和 6 mol·L^{-1} HCl 溶液中的溶解情况。写出沉淀的生成和溶解的离子反应方程式。

3.自制少量 CuS 沉淀,试验其在 6 mol·L^{-1} HCl 和 6 mol·L^{-1} HNO_3 中的溶解情况。写出沉淀的生成和溶解的离子反应方程式。

*4.自制少量 HgS 沉淀,试验其在 6 mol·L^{-1} HNO_3 和王水中的溶解情况。写出沉淀的生成和溶解的离子反应方程式。

根据实验结果,比较四种硫化物的溶解性。

四、氯、硫、氮的含氧酸及其盐的性质

1.次氯酸盐和氯酸盐的氧化性

(1)NaClO 的氧化性

取 5 滴 10% NaClO 溶液,加入数滴 HCl 观察现象,并用 KI 淀粉试纸检验所放出的气体。写出离子反应方程式。

(2)设计一个实验,验证 $KClO_3$ 在酸性介质中才具有强氧化性的事实。写出实验步骤和离子反应方程式。

2.硫代硫酸、亚硝酸的生成和分解

(1)取 0.1 mol·L^{-1} $Na_2S_2O_3$ 溶液 1 mL,滴加 1 mol·L^{-1} H_2SO_4,观察现象,并用 $KMnO_4$ 试纸(自制)检验逸出的气体。写出离子反应方程式。

(2)取 10 滴饱和 $NaNO_2$ 溶液,滴加 1 mol·L^{-1} H_2SO_4,观察溶液的颜色和液面上方气体的颜色。写出离子反应方程式。

3.硫代硫酸钠的还原性

以 I_2 水、Cl_2 水(或 10% NaClO 溶液)为氧化剂,试验 $Na_2S_2O_3$ 的还原性,并验证氧化剂氧化性的强弱对 $Na_2S_2O_3$ 被氧化产物的影响。写出离子反应方程式。

4.亚硫酸及其盐的氧化还原性

(1)取 0.5 mol·L^{-1} Na_2SO_3 溶液 0.5 mL,用 1 mol·L^{-1} H_2SO_4 酸化,再滴加 5～6 滴饱和 H_2S 水,观察现象。写出离子反应方程式。

(2)以 I_2 水为氧化剂,试验 Na_2SO_3 的还原性,写出离子反应方程式。

5.亚硝酸盐的氧化还原性

(1)在试管中加入小米粒大的硫酸亚铁铵固体,然后滴加 0.1 mol·L^{-1} $NaNO_2$ 溶液(是否需用稀 H_2SO_4 酸化,为什么?),观察现象。写出离子反应方程式。

(2)在试管中加入 1～2 滴 0.01 mol·L^{-1} $KMnO_4$ 溶液,用 1 mol·L^{-1} H_2SO_4 酸化,然后滴加 0.1 mol·L^{-1} $NaNO_2$ 溶液,观察现象。写出离子反应方程式。

☞ 选做实验

1.利用过氧化氢的分解起泡进行书写的实验。

2.分离并鉴定 S^{2-}、SO_3^{2-}、$S_2O_3^{2-}$ 混合液。

☞ 实验习题

1.在氧化还原反应中,能否用 HNO_3、HCl 作为反应的酸性介质?为什么?

2.用 KI 淀粉试纸检验 Cl_2 时,试纸先呈蓝色;当在 Cl_2 中时间较长时,蓝色复又褪去,为什么?

3.如何区别 $NaNO_2$ 和 $NaNO_3$?

附注:

一、安全知识

1.Cl_2 为黄绿色、具有窒息臭味的毒气,有强烈的刺激性和氧化性,吸入人体内会强烈刺激喉黏膜,引起咳嗽和喘息,甚至导致呼吸中枢被麻痹和肺的化学性烧伤。

2.Br_2 为暗红色液体,略溶于水,其饱和溶液呈棕红色,有刺鼻臭味。易溶于 CCl_4、苯、醇、乙醚。

Br_2 蒸气对气管、肺部、眼、鼻、喉都有强烈的刺激性。不慎吸入溴蒸气时,可吸入新鲜空气、水蒸气与 NH_3 气的混合气体解毒。

液 Br_2 具有很强的腐蚀性,能灼伤皮肤,严重时使皮肤溃烂。取用液 Br_2 时,须带橡皮手套。Br_2 水的腐蚀性比液体 Br_2 稍弱,但使用时也要小心,取用时最好用滴管移取,以免 Br_2 水接触皮肤。如果不慎把 Br_2 水溅在手上,可用大量水冲洗,再用酒精洗涤。

3.$KClO_3$ 是强氧化剂,与易燃物质不能在一起保存,否则容易燃烧。它与 S、P 的混合物是炸药(不允许研磨、冲击或加热)。$KClO_3$ 易分解,不宜高温烘干或烤干。使用 $KClO_3$ 的实验做完后,应该把剩余产物回收。

4.H_2S 为无色有腐蛋臭味的气味,极毒。吸入后引起头痛、晕眩、延髓中枢麻痹;H_2S 沉着于黏膜,易形成有强烈刺激作用的硫化物。

5.所有氮的氧化物都有毒,尤以 NO_2 为甚,它能严重损害黏膜和神经系统,刺激呼吸道,引起呼吸道的炎症,可能发生各种程度的支气管炎、肺炎和肺水肿等。NO_2 中毒尚无特效药治疗,一般用吸入氧气助呼吸与血液循环以解毒。HNO_3 的分解产物或还原产物多为氮的氧化物。

6.凡是产生有毒、有刺激性气体(如 Cl_2、Br_2、N_2O、NO_2、NO、SO_2、H_2S 等)的实验,均应在通风橱内进行。

二、末端绿色化处理

通过在试管末端增加浸渍稀 NaOH 溶液的脱脂棉来吸收 Cl_2、H_2S、NO 和 NO_2 等有毒气体,减少对环境的污染,进一步改善实验室的环境。

实验 18 p 区重要金属化合物的性质

p 区重要金属化合物性质简介:

1.Sb、Bi、Sn、Pb 氢氧化物的酸碱性

Sb、Bi 氢氧化物		Sn、Pb 氢氧化物	
碱性增强 ↓	$Sb(OH)_3$(白色)　　　H_3SbO_4(白色) 两性　　　　　　　　两性,偏酸性 $Bi(OH)_3$(白色)　　　$Bi_2O_3 \cdot H_2O$(红色) 　　　　　　　　　不稳定,易分解为 Bi_2O_3 弱碱性　　　　　　　弱酸性 　　　　酸性增强　→	碱性增强 ↓	$Sn(OH)_2$(白色)　　　$Sn(OH)_4$(白色) 两性　　　　　　　　两性,以酸性为主 $Pb(OH)_2$(白色)　　　$Pb(OH)_4$(棕色) 两性,以碱性为主　　两性,以酸性为主 　　　　酸性增强　→

2.Sb(Ⅲ)、Bi(Ⅲ)、Sn(Ⅱ)的还原性和 Bi(Ⅴ)、Pb(Ⅳ)的氧化性

物质	氧化、还原性递变规律	举例
Sb(Ⅲ) Bi(Ⅲ) 和 Bi(Ⅴ)	还原性减弱 → Sb(Ⅲ)　　　　　　　　Bi(Ⅲ) 既有氧化性又有　　　　有弱还原性 还原性,但均较弱 $\varphi^{\ominus}(SbO^+/Sb)=0.212$ V　$\varphi^{\ominus}(Bi_2O_5/BiO^+)=1.6$ V $\varphi^{\ominus}(SbO_3^-/SbO_2^-)=-0.59$ V Sb(Ⅴ)　　　　　　　　Bi(Ⅴ) 在酸性介质中有氧　　　在酸性介质中有 化性,但氧化性不强,　　强氧化性 如 H_2SbO_4 可氧化 浓 HCl 生成 Cl_2 氧化性增强 →	(1)Sb(Ⅲ)的氧化还原性 $2Sb^{3+}+3Sn \longrightarrow 2Sb\downarrow+3Sn^{2+}$ 　　　　　　　　黑 鉴定 Sb^{3+} 的反应 $[Sb(OH)_4]^-+2[Ag(NH_3)_2]^++2OH^-$ 　　$\longrightarrow [Sb(OH)_6]^-+2Ag\downarrow+4NH_3$ (2)Bi(Ⅲ)的还原性和 Bi(Ⅴ)的氧化性 $Bi(OH)_3+Cl_2+3OH^-+Na^+$ 　　$\longrightarrow NaBiO_3\downarrow$(棕黄色)$+2Cl^-+3H_2O$ $NaBiO_3+6HCl$(浓) 　　$\longrightarrow BiCl_3+NaCl+Cl_2\uparrow+3H_2O$ $5NaBiO_3+2Mn^{2+}+14H^+$ 　　$\longrightarrow 2MnO_4^-+5Na^++5Bi^{3+}+7H_2O$ (鉴定 Mn^{2+} 的重要反应)

物质	氧化、还原性递变规律	举例
Sn(Ⅱ) Pb(Ⅳ)	还原性减弱 ⟶ Sn^{2+}　　　　　　Pb^{2+} $\varphi^{\circ}(Sn^{4+}/Sn^{2+})=0.15$ V　$\varphi^{\circ}(PbO_2/Pb^{2+})=1.46$ V $\varphi^{\circ}(Sn^{2+}/Sn)=-0.136$ V　$\varphi^{\circ}(Pb^{2+}/Pb)=-0.16$ V Sn^{4+}　　　　　　Pb(Ⅳ) 氧化性增强 ⟶	(1)$2HgCl_2+Sn^{2+}(适量)+4Cl^-$ 　　$\to Hg_2Cl_2\downarrow(白)+[SnCl_6]^{2-}$ $Hg_2Cl_2+Sn^{2+}(过量)+4Cl^-$ 　　$\to 2Hg\downarrow(黑)+[SnCl_6]^{2-}$ (鉴定 Sn^{2+} 和 Hg^{2+} 的重要反应) (2)$3[Sn(OH)_4]^{2-}+2Bi^{3+}+6OH^-$ 　　$\to 2Bi\downarrow(黑)+3[Sn(OH)_6]^{2-}$ (鉴定 Bi^{3+} 的重要反应) (3)$PbO_2+4HCl(浓)\to PbCl_2+Cl_2\uparrow+2H_2O$

3.As(Ⅲ)、As(Ⅴ)、Sb(Ⅲ)、Sb(Ⅴ)、Bi(Ⅲ)、Sn(Ⅱ)、Sn(Ⅳ)、Pb(Ⅱ)硫化物的性质

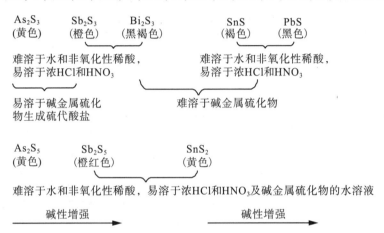

4.Pb^{2+} 盐的溶解性

Pb^{2+} 盐除 Pb(NO$_3$)$_2$ 和 Pb(Ac)$_2$ 易溶外,一般均难溶于水。分析化学上利用此特性作为 Pb^{2+} 鉴定和分离的基础,例如:

Pb^{2+} +2Cl$^-$ →PbCl$_2$↓(白色)(易溶于热水、饱和 NH$_4$Ac 和浓 HCl 中)

Pb^{2+} +SO$_4^{2-}$ →PbSO$_4$↓(白色)(易溶于热浓 H$_2$SO$_4$ 和饱和 NH$_4$Ac 中)

Pb^{2+} +CrO$_4^{2-}$ →PbCrO$_4$↓(黄色)(易溶于稀 HNO$_3$、浓 HCl 和浓 NaOH 溶液中)

Pb^{2+} +2I$^-$ →PbI$_2$↓(亮黄色)(易溶于浓 KI 中)

Pb^{2+} +CO$_3^{2-}$ →PbCO$_3$↓(白色)(易溶于稀酸)

☞ 实验内容

一、氢氧化物的生成和性质

自制少量 Sb(OH)$_3$、Bi(OH)$_3$ 和 Sn(OH)$_2$、Pb(OH)$_2$ 沉淀,试验它们在酸、碱中的溶解情况(试验 Pb(OH)$_2$ 的碱性时应该用什么酸,为什么?)。

根据实验结果比较 Sb(OH)$_3$ 和 Bi(OH)$_3$ 及 Sn(OH)$_2$ 和 Pb(OH)$_2$ 酸碱性的强弱。

二、Sb(Ⅲ)的氧化、还原性

1.在一小片光亮的 Sn 片(或 Sn 箔)上,加一滴 0.1 mol·L^{-1} SbCl$_3$ 溶液,观察 Sn 片颜色

的变化。写出离子反应方程式。

2.在试管中加入少量 $0.1\ mol \cdot L^{-1}\ SbCl_3$ 溶液,加入过量 $6\ mol \cdot L^{-1}\ NaOH$ 溶液,直至生成的沉淀又溶解为止。在另一试管中加入 $0.1\ mol \cdot L^{-1}\ AgNO_3$,然后加入过量 $6\ mol \cdot L^{-1}\ NH_3 \cdot H_2O$ 制得银氨溶液。将两支试管的溶液混合均匀,观察现象。写出离子反应方程式。

三、Bi(Ⅲ)的还原性和 Bi(Ⅴ)的氧化性

1.在试管中加入 $0.1\ mol \cdot L^{-1}\ Bi(NO_3)_3$ 溶液 0.5 mL,再加入数滴 $6\ mol \cdot L^{-1}\ NaOH$ 及 NaClO 溶液少许,在水浴上加热,观察棕黄色沉淀的生成。离心分离并洗涤沉淀,将所得沉淀留作下面实验用。写出离子反应方程式。

2.取 1~2 滴 $0.1\ mol \cdot L^{-1}\ MnSO_4$ 溶液,用 $6\ mol \cdot L^{-1}\ HNO_3$ 酸化(能否用 HCl 酸化? 为什么?),然后加入少量自制的 $NaBiO_3$ 固体,观察溶液颜色的变化。写出离子反应方程式。

3.取上面自制的 $NaBiO_3$ 固体,加入浓 HCl,观察现象并鉴别气体产物。写出离子反应方程式。

根据实验二、三,总结 Sb、Bi 高低氧化态氧化、还原性的变化规律。

四、Sn(Ⅱ)的还原性和 Pb(Ⅳ)的氧化性

1.Sn(Ⅱ)的还原性

*(1)取 $0.1\ mol \cdot L^{-1}\ HgCl_2$ 溶液 1~2 滴,逐滴加入 $0.5\ mol \cdot L^{-1}\ SnCl_2$ 溶液,观察现象(注意沉淀颜色的变化)。写出离子反应方程式。

(2)制取少量的 $Na_2[Sn(OH)_4]$ 溶液(如何制备?),然后滴加 2~3 滴 $0.1\ mol \cdot L^{-1}\ BiCl_3$ 溶液,观察现象。写出离子反应方程式。

2.PbO_2 的氧化性

取少量 PbO_2 固体,加入适量浓 HCl,观察现象,并检验气体产物。写出反应方程式。

五、难溶性铅盐的生成

1.制备少量 PbI_2、$PbCrO_4$、$PbCl_2$、$PbSO_4$ 沉淀,观察沉淀的颜色。

2.试验 PbI_2 在浓 KI 中的溶解情况。

3.试验 $PbCrO_4$ 在稀 HNO_3 和 $6\ mol \cdot L^{-1}\ NaOH$ 溶液中的溶解情况。

4.试验 $PbCl_2$ 在热水和浓 HCl 中的溶解情况。

5.试验 $PbSO_4$ 在饱和 NH_4Ac 中的溶解情况。

*六、Sb(Ⅲ)、Bi(Ⅲ)、Sn(Ⅱ)、Sn(Ⅳ)、Pb(Ⅱ)硫化物和硫代酸盐

1.Sb(Ⅲ)、Sn(Ⅳ)硫化物及硫代酸盐的生成和性质

在两支离心试管中,分别加入 1 滴 $0.1\ mol \cdot L^{-1}\ SbCl_3$ 溶液、$0.1\ mol \cdot L^{-1}\ SnCl_4$ 溶液,再各加入饱和 H_2S 水溶液,观察生成沉淀的颜色。离心分离,在各沉淀物中加入 $0.5\ mol \cdot L^{-1}$ 的 $(NH_4)_2S$ 溶液,观察现象;再加入 $2\ mol \cdot L^{-1}\ HCl$ 溶液,观察现象。写出相应的离子反应方程式。

2.Bi(Ⅲ)、Sn(Ⅱ)、Pb(Ⅱ)的硫化物

制备少量 Bi(Ⅲ)、Sn(Ⅱ)、Pb(Ⅱ)的硫化物,观察沉淀的颜色。离心分离,在沉淀中加入适量的 $0.5\ mol \cdot L^{-1}\ (NH_4)_2S$ 溶液,观察沉淀是否溶解。

根据以上实验结果,比较 Sb_2S_3、Bi_2S_3、SnS、SnS_2 的酸碱性。

七、分离、鉴定

分离并鉴定 Ba^{2+}、Pb^{2+}、Bi^{3+} 的混合液。

☞ 选做实验

1.用 $MnSO_4$ 溶液作还原剂,设计一个实验说明 PbO_2 的氧化性。

2.选用合适的试剂,分离和鉴定下列两组离子。

(1)Sn^{2+}、Pb^{2+}　　(2)Sb^{3+}、Bi^{3+}

☞ 实验习题

1."实验内容三 2"中,为什么要取少量的 $MnSO_4$ 溶液和少量的 $NaBiO_3$ 固体? Mn^{2+} 过多对实验有什么影响?

2.实验室中配制 $SnCl_2$ 溶液时,为什么既要加 HCl,又要加入 Sn 粒?

3.选用最简便的方法鉴别下列两组物质。

$BaSO_4$ 和 $PbSO_4$　　SnS 和 SnS_2

4.用标准电极电势判断下列反应能否发生? 如能发生,写出反应的产物和现象。

$$ClO_3^- + Mn^{2+} + H^+ \rightarrow$$

$$Cr_2O_7^{2-} + Mn^{2+} + H^+ \rightarrow$$

$$AsO_4^{3-} + Mn^{2+} + H^+ \rightarrow$$

附注:

安全知识:

As、Sb、Bi、Pb 及其化合物都是有毒物质,其中 As_2O_3(砒霜)和胂(AsH_3)及其他可溶性砷化物、铅的可溶性化合物均是剧毒物质,因此使用时用量要少,切勿入口或与有伤口的皮肤接触。实验后,废液倒入指定的回收瓶中统一处理。若不慎中毒,应立即就医治疗。无就医条件时,也可用以下试剂解毒。例如,砷化物中毒可用乙二硫醇($HS—CH_2—CH_2—SH$)解毒,其反应为:

铅化合物中毒可用 $Na_2S_2O_3$(一般是静脉注射 $10\%Na_2S_2O_3$)或 KI(或 NaI)等解毒,其反应为:

$$Pb^{2+} + S_2O_3^{2-} \rightarrow PbS_2O_3 \downarrow$$

$$PbS_2O_3 + H_2O \rightarrow PbS \downarrow + H_2SO_4$$

$$Pb^{2+} + 2I^- \rightarrow PbI_2 \downarrow$$

实验 19 常见阴离子的分离与鉴定

❊ **实验目的**

1.掌握水溶液中常见离子分离、鉴定的一般原理和方法。

2.掌握常见阴离子分离和鉴定的原理和方法。

☞ **实验原理**

1.离子鉴定的原理和方法

(1)鉴定反应的选择

离子鉴定就是定性地确定某种元素或其离子是否存在。离子鉴定反应大多数是在水溶液中进行的反应。作为鉴定反应必须满足以下要求:

①鉴定反应必须具有明显的外观特征,如沉淀的生成或溶解、溶液颜色的改变、气体的生成等。根据这些明显的现象判断被分析物质中某种组分的存在。

②鉴定反应必须是快速进行的化学反应。因为只有迅速进行的化学反应才能保证根据反应过程中明显的外观特征,得到正确的判断。

③鉴定反应还必须是灵敏度高(待检出离子量很少就能发生显著反应,为灵敏度高的反应)、选择性好的反应。

例如,用 KSCN 鉴定 Fe^{3+} 的反应,当待鉴定 Fe^{3+} 量$\geqslant 0.25\ \mu g$,对应浓度$\geqslant 5\times 10^{-4}\%$即能发生显著的反应,生成血红色的$[Fe(NCS)_n]^{3-n}$配离子

$$Fe^{3+}+n SCN^- \Longleftrightarrow [Fe(NCS)_n]^{3-n}$$
$$(血红色)$$

为灵敏度高的反应。

又如,在阳离子中,只有 NH_4^+ 与碱加热时有氨气逸出,为选择性高的反应:

$$NH_4^+ + OH^- \rightarrow NH_3\uparrow + H_2O$$

当与加入的试剂起反应的离子越少,则这一鉴定反应的选择性越高。如果加入的试剂只与一种离子发生反应产生特殊现象,则这一鉴定反应的选择性最高,这种反应称为该离子的特效反应。上述 NH_4^+ 与 OH^- 的反应即为 NH_4^+ 的特效反应,强碱即为 NH_4^+ 的特效试剂。但实际上特效反应并不多,因此只能应用一些选择性高的反应进行离子的鉴定,并要求在鉴定之前做一些必要的分离或控制一定的反应条件以提高反应的选择性。提高鉴定反应选择性的方法有以下几种:

①控制溶液的酸度,消除其他离子的干扰

例如,用 CrO_4^{2-} 检验 Ba^{2+},生成黄色的 $BaCrO_4$ 沉淀。如果溶液中有 Sr^{2+} 存在,也会发生类似反应,生成黄色的 $SrCrO_4$ 沉淀,从而干扰 Ba^{2+} 的鉴定。如果反应在中性或弱酸性介质中

进行,降低了 CrO_4^{2-} 的浓度(为什么?),$SrCrO_4$ 沉淀就不会产生,而由于 $BaCrO_4$ 的溶度积比 $SrCrO_4$ 小,仍能生成黄色的 $BaCrO_4$ 沉淀,从而提高了 Ba^{2+} 鉴定反应的选择性。

②加入掩蔽剂,消除其他离子的干扰

例如,用 SCN^- 鉴定 Co^{2+} 时,Co^{2+} 与 SCN^- (在酸性的条件下)反应生成深蓝色的 $[Co(NCS)_4]^{2-}$

$$Co^{2+}+4SCN^- \Longrightarrow [Co(NCS)_4]^{2-}$$

溶液中若含有 Fe^{3+},由于 Fe^{3+} 与 SCN^- 生成血红色的 $[Fe(NCS)_4]^-$ 干扰深蓝色 $[Co(NCS)_4]^{2-}$ 的生成和观察,即干扰 Co^{2+} 的检出。为了消除 Fe^{3+} 的干扰,可在体系中加入 NH_4F(或 NaF)作掩蔽剂,使 Fe^{3+} 与 F^- 形成稳定的、无色的 $[FeF_6]^{3-}$ 而掩蔽起来,以确保 $[Co(NCS)_4]^{2-}$ 的形成和观察。

③消除或分离干扰离子

例如,用钼酸铵试剂时,还原性离子(S^{2-}、SO_3^{2-}、$S_2O_3^{2-}$ 等)可将钼酸根离子还原为低氧化态的钼蓝,从而破坏钼酸铵试剂,影响 PO_4^{3-} 的鉴定。为消除还原性离子对 PO_4^{3-} 鉴定的干扰,可用浓 HNO_3 氧化除去。

又如,用 $C_2O_4^{2-}$ 检验 Ca^{2+},生成白色的 CaC_2O_4 沉淀,Ba^{2+} 发生同样的反应。为消除 Ba^{2+} 的干扰,可加入 CrO_4^{2-},使 Ba^{2+} 生成 $BaCrO_4$ 沉淀分出。

其他如利用有机溶剂来萃取鉴定反应的产物(如用 CCl_4 萃取 Br_2、I_2)等,都是提高鉴定反应选择性的有效方法。

(2)鉴定反应的条件

鉴定反应和其他反应一样,要求在一定条件下进行。最重要的反应条件是反应介质的酸碱性、溶液中反应离子的浓度、反应温度、催化剂、溶剂等。

①反应介质的酸碱性

例如,用 CrO_4^{2-} 鉴定 Pb^{2+} 的反应要求在中性或弱酸性溶液中进行。因为在碱性介质中会生成 $Pb(OH)_2$ 沉淀,若碱性太强,则生成 $[Pb(OH)_4]^{2-}$;反之,若酸性太强,由于 H^+ 与 CrO_4^{2-} 易结合成难电离的 $HCrO_4^-$,降低溶液中 CrO_4^{2-} 的浓度,得不到黄色的 $PbCrO_4$ 沉淀,使鉴定反应的灵敏度降低。

②反应离子的浓度和试剂的浓度

在鉴定反应中,为保证反应显著,要求溶液中反应离子和试剂有一定的浓度。例如对于沉淀反应,不仅要求溶液中反应离子浓度的乘积超过该温度下沉淀物的溶度积,而且要求析出足够量的沉淀,便于观察。对于生成溶解度较大的物质,这一点尤为重要。例如,

$$Pb^{2+}+2Cl^- \longrightarrow PbCl_2 \downarrow$$

由于 $PbCl_2$ 在水中溶解度较大,所以只有当溶液中 Pb^{2+} 的浓度较大时,才能观察到白色 $PbCl_2$ 沉淀的生成。

又如钼酸铵试剂鉴定 PO_4^{3-} 的反应:

$$PO_4^{3-}+12MoO_4^{2-}+3NH_4^++24H^+ \longrightarrow (NH_4)_3PO_4 \cdot 12MoO_3 \cdot 6H_2O \downarrow +6H_2O$$

$$\text{磷钼酸铵(黄色)}$$

由于生成的磷钼酸铵沉淀能溶于过量磷酸盐溶液,因此要求加入过量钼酸铵试剂,才能确保产生特征的黄色沉淀。

但反应离子的浓度并非总是大一些好。例如,用强氧化剂($NaBiO_3$、PbO_2 或 ($NH_4)_2S_2O_8$)检验 Mn^{2+}(Mn^{2+} 被氧化为紫红色的 MnO_4^-)的反应,Mn^{2+} 浓度不能过大,因为过量 Mn^{2+} 会使反应生成的 MnO_4^- 被还原:

$$3Mn^{2+} + 2MnO_4^- + 7H_2O \longrightarrow 5MnO(OH)_2 \downarrow + 4H^+$$

③反应的温度、催化剂

溶液的温度有时对鉴定反应有较大的影响。例如,有些难溶物的溶解度随温度升高而迅速增大,使沉淀不能产生。例如 $PbCl_2$ 能溶于热水,因此用稀 HCl 沉淀 Pb^{2+} 时不能在热溶液中进行。但有些鉴定反应特别是某些氧化还原反应的反应速率很慢,必须加热以加快反应速率。例如,$S_2O_8^{2-}$ 氧化 Mn^{2+} 的反应必须加热,除加热外,还需加入 Ag^+ 作催化剂,才能加速反应的进行:

$$2Mn^{2+} + 5S_2O_8^{2-} + 8H_2O \xrightarrow[Ag^+]{\triangle} 2MnO_4^- + 10SO_4^{2-} + 16H^+$$

若没有 Ag^+ 作催化剂,$S_2O_8^{2-}$ 只将 Mn^{2+} 氧化成 $Mn(\mathbb{N})$ 形成 $MnO(OH)_2$ 棕色沉淀。

④溶剂

为提高鉴定反应的灵敏度,增加生成物的稳定性,某些鉴定反应常要求在有机溶剂中进行。例如鉴定 Cr^{3+} 或 H_2O_2 的反应:

$$Cr_2O_7^{2-} + 4H_2O_2 + 2H^+ \longrightarrow 2H_2CrO_6 + 3H_2O$$

$$\text{过铬酸(深蓝色)}$$

过铬酸在水溶液中极不稳定,易分解为 Cr^{3+} 使蓝色褪去,但在有机溶剂中比较稳定,因此为增加过铬酸的稳定性,除控制反应在低温下进行外,还要求在乙醚(或戊醇)存在下进行。

2.离子分离和鉴定

(1)分别分析和系统分析

在已知组成的混合溶液中,若其他离子的存在对被检出离子无干扰,或该检出离子有特效反应,可以在其他离子存在的条件下,直接鉴定此种离子,这种方法称为分别分析。但由于特效反应不多,对于组成复杂或未知组分的混合液,则不能仅依靠分别分析检出各种离子,而需要将复杂的体系简化为几组简单体系,以消除离子间的互相干扰,简化分析任务。这种应用某种特定试剂将离子分组,再按一定的步骤和顺序进行各种离子鉴定的方法,称为系统分析。在系统分析中将离子进行分组的试剂叫"组试剂"。

(2)阴离子的分组

构成阴离子的元素较少,主要是处于周期表中右上部的元素及中右部的某些元素(如 $Cr_2O_7^{2-}$、CrO_4^{2-}、MnO_4^- 等)。除少数几种阴离子外,大多数情况下阴离子鉴定时相互并不干扰,实际上许多阴离子共存的机会也较少,因此阴离子分析一般采用分别分析的方法。但为了解溶液中离子的存在情况,节省不必要的鉴定手续,进行阴离子的系统分析还是有必要的。因此阴离子分组的主要目的是应用组试剂来预先检查各组离子是否存在,并不是借分组把它们系统分离。如果在分组时已能确定某一组离子并不存在,就不必进行该组离子的鉴定,这样可以简化分析工作。

阴离子的分组方法较多,根据阴离子在酸性介质中的稳定性不同和对应钡盐、银盐、钙盐溶解度的不同,可将阴离子分成四组,见表 19-1。

表 19-1　阴离子的分组

组别	构成各组的阴离子	组试剂	特性
第一组 (挥发组)	S^{2-}、SO_3^{2-}、$S_2O_3^{2-}$、CO_3^{2-}、NO_2^- 等离子	HCl	在酸性介质中不稳定,易形成挥发性酸或易分解的不稳定酸
第二组 (钙、钡盐组)	SO_4^{2-}、PO_4^{3-}、SiO_3^{2-}、AsO_4^{3-} 等离子	$BaCl_2$ 中性或弱碱性介质	钙盐、钡盐难溶于水
第三组 (银盐组)	Cl^-、Br^-、I^- 等离子	$AgNO_3$ HNO_3	银盐难溶于水及稀硝酸
第四组 (易溶组)	NO_3^-、ClO_3^-、CH_3COO^- 等离子	无组试剂	银盐、钡盐、钙盐等均易溶于水

（3）离子混合液的分离与鉴定

定性分析中遇到的试样,其组成有简单的,也有复杂的,有已知混合物的分析,也有未知物的分析。因此,应该根据试样的性质和分析的具体要求,灵活运用所掌握的离子的性质,拟出简便可靠的分析方法。

①已知离子混合液的分析

拟定分析方案的原则是:

a.如果混合液中存在的各离子之间在鉴定时无干扰,则可直接取试样进行分别分析,不需要进行系统分析。

b.如果混合溶液中存在的各离子在鉴定时有干扰,则需根据具体情况确定合理的系统分析方案。

离子混合物分析举例:

例 1　SO_4^{2-}、NO_3^-、I^-、CO_3^{2-} 混合液的定性分析。

方案:

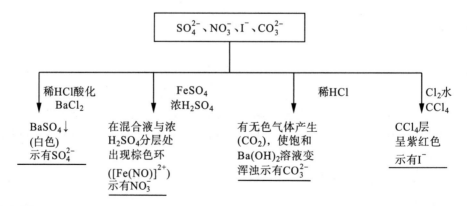

思考题:

该混合溶液是呈酸性、中性还是碱性? 为什么?

例 2　S^{2-}、SO_3^{2-}、$S_2O_3^{2-}$ 混合液的分离和鉴定。

方案：

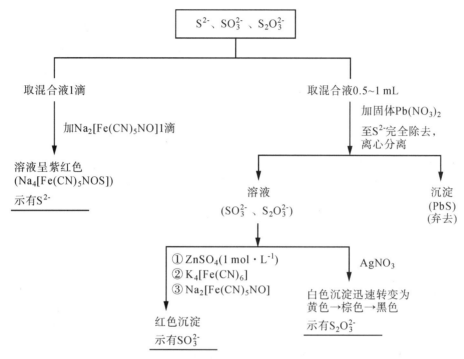

②未知试样的分析

实际工作中遇到的大多是未知试样的分析。对于未知试样的分析，一般用以下分析方法：

(a)初步试验

未知试样可按下列步骤进行初步试验，以确定可能存在的离子和不可能存在的离子。

(i)根据试样的物理性质和试液的酸碱性来鉴别

根据试样的外观特征(如晶形、硬度等)，试样或试液的颜色、溶解性、相对密度及试液的酸碱性来鉴别。

例如，如果试液有色，则根据试液的特定颜色，估计某些离子可能存在；如果溶液呈强酸性反应，则易被酸分解的离子(如 CO_3^{2-}、NO_2^-、$S_2O_3^{2-}$、S^{2-} 等)不可能存在；如果是固体试样，且不溶于水，一般不可能含有 NO_3^-、NO_2^-、CH_3COO^- 等离子(为什么?)。

(ii)从化学性质鉴别

根据试样与常用试剂(如稀酸、稀碱、Ba^{2+} 盐、Ag^+ 盐、H_2S、$(NH_4)_2S$ 等)的反应情况预测哪些离子可能存在，哪些离子不可能存在。例如，加入稀 HCl 有沉淀，试液中可能有 Ag^+、Hg_2^{2+} 及大量的 Pb^{2+}、WO_4^{2-} 等；如果加入稀 HCl(或稀 H_2SO_4)有气体产生，试液中可能含有 CO_3^{2-}、SO_3^{2-}、$S_2O_3^{2-}$、S^{2-}、NO_2^-、CN^- 等离子，根据气体的性质，还可以初步判断可能是什么阴离子。在酸性条件下加入 H_2S 水溶液(或硫代乙酰胺溶液并加热)，如果有沉淀生成，溶液中可能有 Cu^{2+}、Ag^+、$As(III)$、$As(V)$、Sn^{2+}、Sn^{4+}、Sb^{3+}、$Sb(V)$、Hg^{2+}、Pb^{2+}、Bi^{3+} 等离子，根据沉淀的颜色还可以进一步确定哪些离子存在。如果加入 $AgNO_3$(在 HNO_3 介质中)有沉淀生成，则溶液中可能存在 CN^-、Cl^-、Br^-、I^-、S^{2-} 等离子，根据沉淀的颜色还可以进一步确定有哪些离子存在。

利用化学性质初步检验时，还可以借助离子的氧化或还原性进行检验，以初步确定是否可能有氧化性或还原性离子存在。在阴离子检验时常采用此法。

试样一般不大可能同时存在很多离子,经过上述初步验证后留下来要进行检验的离子不会太多,从而大大简化分析步骤,节省分析时间。

(b)确证性试验

在上述初步试验的基础上,根据具体情况设计合理的分析方案,进行各组分的确证性试验。

☞ 实验内容

取混合试液(其中可能含有 CO_3^{2-}、SO_3^{2-}、$S_2O_3^{2-}$、S^{2-}、Cl^-、Br^-、I^-、NO_3^-、NO_2^-、PO_4^{3-} 等离子)一份,按下列步骤进行分析,检出未知混合液中有哪些离子存在。

一、初步试验

(1)用 pH 试纸测试未知液的酸碱性。如果溶液呈酸性,哪些离子不可能存在? 如果试液呈中性或碱性,可按(2)进行分析。

(2)与稀 H_2SO_4 的作用

于试管中取试液数滴,用 $3\ mol \cdot L^{-1}\ H_2SO_4$ 酸化并水浴加热。若没有气体产生,表示 CO_3^{2-}、SO_3^{2-}、$S_2O_3^{2-}$、S^{2-}、NO_2^- 等离子不存在;如果有气体产生,可根据气体颜色、气味和性质初步判断哪些阴离子可能存在,然后再进行对应的确证性实验。

(3)还原性阴离子的试验

在试管中加入 3～4 滴未知液,用 $3\ mol \cdot L^{-1}\ H_2SO_4$ 酸化,然后加入 1～2 滴 $0.01\ mol \cdot L^{-1}$ $KMnO_4$ 溶液。若 MnO_4^- 的紫红色褪去,表示可能存在 SO_3^{2-}、$S_2O_3^{2-}$、S^{2-}、Br^-、I^-、NO_2^- 等还原性离子。

检出还原性阴离子后,再取一份混合试液用淀粉—碘溶液进一步检验是否存在强还原性离子。若加入淀粉—碘溶液后蓝色褪去,表示可能存在 SO_3^{2-}、$S_2O_3^{2-}$、S^{2-} 等离子。

(4)钡组阴离子的检验

在离心试管中加入 3～4 滴未知液,加入 1～2 滴 $1\ mol \cdot L^{-1} BaCl_2$ 溶液,观察是否有沉淀生成。若有沉淀生成,表示可能有 SO_4^{2-}、SO_3^{2-}、$S_2O_3^{2-}$ 等离子存在(为什么?)。离心分离,在沉淀中加入 $6\ mol \cdot L^{-1}\ HCl$ 数滴,如沉淀不完全溶解,表示有 SO_4^{2-} 存在(为什么?)。

(5)$AgNO_3$ 试验

取未知液 3～4 滴,加入 3～4 滴 $0.1\ mol \cdot L^{-1}\ AgNO_3$ 溶液。如果立即生成黑色沉淀,表示有 S^{2-} 存在(为什么?);如果生成白色(或黄色)沉淀,且沉淀迅速变黄→棕→黑,表示有 $S_2O_3^{2-}$ 存在(为什么?)。离心分离,在沉淀中加入 3～4 滴 $6\ mol \cdot L^{-1}\ HNO_3$,必要时加热搅拌。若沉淀不溶或部分溶解,表示可能有 Cl^-、Br^-、I^- 存在(为什么?)。

(6)氧化性阴离子试验

取未知液 3～4 滴,用 $3\ mol \cdot L^{-1}\ H_2SO_4$ 酸化,加入 $0.1\ mol \cdot L^{-1}\ KI$ 溶液 1～2 滴,再加入 2 滴淀粉溶液,观察现象,判断可能有哪些阴离子存在。

根据(1)～(6)的初步试验结果,判断有哪些阴离子可能存在,并把结果填入表 19-2 中。

表 19-2　阴离子的初步试验

阴离子 \ 试验项目 试验结果	pH 试验	稀 H_2SO_4 试验	还原性阴离子试验		氧化性阴离子试验	$BaCl_2$ 试验	$AgNO_3$ 试验	综合分析
			$KMnO_4$（酸性）	淀粉—碘				
SO_4^{2-}								
SO_3^{2-}								
$S_2O_3^{2-}$								
S^{2-}								
PO_4^{3-}								
Cl^-								
Br^-								
I^-								
NO_3^-								
NO_2^-								

二、确证性试验（S^{2-}、$S_2O_3^{2-}$、NO_2^-、NO_3^-，PO_4^{3-} 的鉴定）

1. S^{2-} 的鉴定

在点滴板的圆穴中加入 1 滴 0.5 mol·L^{-1} Na_2S 溶液,再加入 1 滴 1 ‰ $Na_2[Fe(CN)_5NO]$ 的溶液,观察现象。

2. $S_2O_3^{2-}$ 的鉴定

在点滴板的圆穴中加入 1 滴 0.5 mol·L^{-1} $Na_2S_2O_3$ 溶液,再加入 2 滴 $AgNO_3$ 的溶液,观察沉淀颜色出现白→黄→棕→黑的变化。

3. NO_2^- 的鉴定

在试管中滴入 5 滴 0.1 mol·L^{-1} $NaNO_2$ 溶液,冰浴冷却数分钟,待溶液冷却后,用 6 mol·L^{-1} HCl 酸化,溶液变成蓝色,试管微热,溶液上方出现棕红色气体。

备选鉴定方案:①在点滴板的圆穴中加入 1 滴 0.01 mol·L^{-1} $NaNO_2$ 溶液,用 2 mol·L^{-1} HAc 酸化,再加入对氨基苯磺酸和 α-萘胺各 1 滴,观察现象。注意:NO_2^- 浓度过大时,生成黄色溶液或析出褐色沉淀。

②亚硝酸盐溶液加 2 mol·L^{-1} HAc 酸化,加入新鲜配制的 1 mol·L^{-1} $FeSO_4$ 溶液,溶液呈棕黄色:

$$NO_2^- + Fe^{2+} + 2HAc = NO\uparrow + Fe^{3+} + 2Ac^- + H_2O$$

$$[Fe(H_2O)_6]^{2+} + NO = [Fe(NO)(H_2O)_5]^{2+}（棕黄色） + H_2O$$

4. NO_3^- 的鉴定

在试管中加入 0.5 mL 0.2 mol·L^{-1} $FeSO_4$ 溶液,再加入 5 滴 0.1 mol·L^{-1} KNO_3 溶液。摇匀后,将试管斜持,沿试管壁慢慢倒入约 1 mL 浓 H_2SO_4。由于浓 H_2SO_4 相对密度较水溶液大,溶液分成两层。观察浓 H_2SO_4 和溶液层交界处棕色环的出现。

注意:NO_2^- 可发生类似反应,Br^-、I^- 存在时生成游离的溴和碘,与环的颜色相似,妨碍鉴定。

5. PO_4^{3-} 的鉴定

在试管中加入 5 滴 0.1 mol·L^{-1} Na_3PO_4 溶液和 5 滴 6 mol·L^{-1} HNO_3,再加入约0.5 mL钼酸铵试剂(过量,为什么),在水浴上加热至 40~45 ℃,观察现象。写出离子反应方程式。

实验 20   d 区重要化合物的性质(一)

Cr、Mn 重要化合物性质简介:

1.Cr 的重要化合物的特性

(1)Cr(Ⅲ)、Cr(Ⅵ)的氧化物及其水合物的酸碱性

氧化态	+3	+6
氧化物	Cr_2O_3(绿色)	CrO_3(橙红色) 溶于水生成 H_2CrO_4 和 $H_2Cr_2O_7$
氧化物的水化物	$Cr(OH)_3$ (灰绿色) 两性氢氧化物,易溶于酸和碱 $Cr(OH)_3 + 3H^+ \rightarrow Cr^{3+} + 3H_2O$ 　　　　　　　　　(蓝紫色) $Cr(OH)_3 + OH^- \rightarrow [Cr(OH)_4]^-$ 　　　　　　　　　(亮绿色) $[Cr(OH)_4]^-$ 热稳定性差,加热完全水解,生成水合氧化铬沉淀: $2[Cr(OH)_4]^- + (x-3)H_2O \xrightarrow{\triangle}$ $Cr_2O_3 \cdot xH_2O \downarrow + 2OH^-$	H_2CrO_4(黄色) $H_2Cr_2O_7$(橙色) $2CrO_4^{2-} + 2H^+ \rightleftharpoons Cr_2O_7^{2-} + H_2O$ (黄色)　　　　　　(橙色) 故溶液中 $Cr_2O_7^{2-}$ 和 CrO_4^{2-} 的相对含量,视溶液的酸度而定 在酸性溶液中,以 $Cr_2O_7^{2-}$ 为主
酸碱性	两　性	强酸性

(2)Cr(Ⅲ)化合物的还原性和 Cr(Ⅵ)化合物的氧化性

Cr 的电势图:

$$\varphi_A^\ominus / V \quad Cr_2O_7^{2-} \xrightarrow{\ 1.33\ } Cr^{3+} \xrightarrow{\ -0.74\ } Cr$$

$$\varphi_B^\ominus / V \quad CrO_4^{2-} \xrightarrow{\ -0.12\ } [Cr(OH)_4]^- \xrightarrow{\ -1.3\ } Cr$$

从 Cr 的电势图可知:

①在酸性介质中,氧化值为 +6 的 Cr($Cr_2O_7^{2-}$)有强氧化性,能被还原为 Cr^{3+};在碱性介质中,氧化值为 +6 的 Cr(CrO_4^{2-})一般不显氧化性。

②在强碱性介质中,氧化值为 +3 的 Cr($[Cr(OH)_4]^-$)有较强的还原性,易被中等强度的氧化剂(如 H_2O_2)氧化为 CrO_4^{2-},但 Cr^{3+} 则表现出较大的氧化还原稳定性,不易被氧化,也不易被还原。只有在强氧化剂(如 $KMnO_4$)作用下,才能被氧化为 $Cr_2O_7^{2-}$:

$$2[Cr(OH)_4]^- + 3H_2O_2 + 2OH^- \longrightarrow 2CrO_4^{2-} + 8H_2O$$

$$10Cr^{3+} + 6MnO_4^- + 11H_2O \longrightarrow 5Cr_2O_7^{2-} + 6Mn^{2+} + 22H^+$$

2.Mn 的重要化合物的性质

(1)氧化物及其水合物的性质

氧化态	+2	+4	+6	+7
氧化物	MnO(绿色)	MnO$_2$(棕色)		Mn$_2$O$_7$(黑绿色油状液体)
氧化物的水合物	Mn(OH)$_2$(白色)	MnO(OH)$_2$(棕黑色)	H$_2$MnO$_4$(绿色)	HMnO$_4$(紫红色)
酸碱性	碱性(中强)	两性	酸性	强酸性
氧化还原稳定性	不稳定,易被空气中的氧氧化为 MnO(OH),进而氧化为 MnO(OH)$_2$: $4Mn(OH)_2 + O_2$ $\longrightarrow 4MnO(OH) + 2H_2O$ $4MnO(OH) + O_2 + 2H_2O$ $\longrightarrow 4MnO(OH)_2$	稳定	极不稳定,易发生歧化反应	极不稳定,易分解 $2Mn_2O_7 \longrightarrow 4MnO_2\downarrow + 3O_2\uparrow$ $4HMnO_4 \longrightarrow$ $4MnO_2\downarrow + 3O_2\uparrow + 2H_2O$

(2)氧化、还原性

Mn 的电势图:

$$\varphi_A^{\ominus}/V \quad MnO_4^- \xrightarrow{-0.56} MnO_4^{2-} \xrightarrow{2.26} MnO_2 \xrightarrow{0.906} Mn^{3+} \xrightarrow{1.51} Mn^{2+} \xrightarrow{-1.029} Mn$$

$$1.679 \qquad 1.208$$
$$1.51$$

$$\varphi_B^{\ominus}/V \quad MnO_4^- \xrightarrow{-0.564} MnO_4^{2-} \xrightarrow{0.60} MnO_2 \xrightarrow{-0.1} MnO(OH) \xrightarrow{-0.40} Mn(OH)_2 \xrightarrow{-1.47} Mn$$

$$0.59$$

从 Mn 的电势图可知:

①在酸性介质中,Mn^{3+} 和 MnO$_4^{2-}$ 均不稳定,易发生歧化反应

$$3MnO_4^{2-} + 4H^+ \longrightarrow 2MnO_4^- + MnO_2\downarrow + 2H_2O$$

在中性或者弱碱性介质中,Mn^{3+}、MnO$_4^-$ 虽也能发生歧化反应,但趋势小,且速度慢,所以 MnO$_4^{2-}$ 只能存在于强碱性介质中。

②在碱性条件中,Mn(OH)$_2$ 不稳定,易被空气中的氧氧化为 MnO(OH)$_2$。但在酸性介质中 Mn^{2+} 很稳定,不易被氧化,也不易被还原。只有在高酸度的溶液中与强氧化剂(如 NaBiO$_3$、PbO$_2$、(NH$_4$)$_2$S$_2$O$_8$ 等)作用时,才能被氧化为 MnO$_4^-$:

$$5NaBiO_3 + 2Mn^{2+} + 14H^+ \longrightarrow 2MnO_4^- + 5Bi^{3+} + 5Na^+ + 7H_2O$$

$$5PbO_2 + 2Mn^{2+} + 4H^+ \xrightarrow{\triangle} 2MnO_4^- + 5Pb^{2+} + 2H_2O$$

③MnO$_2$ 在酸性介质中有强氧化性,作氧化剂时,一般被还原为 Mn^{2+}:

$$MnO_2 + 4HCl(浓) \longrightarrow MnCl_2 + Cl_2\uparrow + 2H_2O$$

实验室常用此反应制取少量氯气。

在碱性介质中,与强氧化剂(KClO$_3$、KNO$_3$ 等)作用时,则表现还原性。例如:

$$3MnO_2 + 6KOH + KClO_3 \xrightarrow{\text{共熔}} 3K_2MnO_4 + KCl + 3H_2O$$

④KMnO_4 具有强氧化性，特别是在酸性介质中，其氧化能力更强。KMnO_4 作为氧化剂被还原，产物因介质酸碱性的不同而异，其规律是：

介质酸碱性	酸性介质	中性介质	碱性介质
还原产物	Mn^{2+}	MnO_2	MnO_4^{2-}

由于 $\varphi^\circ(MnO_4^-/MnO_2) > \varphi^\circ(MnO_2/Mn^{2+})$，所以 MnO_4^- 与 Mn^{2+} 不能共存。

☞ 实验内容

一、Cr 的化合物

1.Cr(OH)_3 的生成和性质

制备适量 $Cr(OH)_3$ 沉淀，并验证：

(1)$Cr(OH)_3$ 的两性；

(2)$[Cr(OH)_4]^-$ 热稳定性差，加热易发生完全水解，生成水合氧化铬（$Cr_2O_3 \cdot xH_2O$）。
写出相应的离子反应方程式。

2.Cr(Ⅲ)的还原性和 Cr(Ⅵ)化合物的氧化性

(1) 在试管中加入少量 $0.1\ mol \cdot L^{-1}$ $CrCl_3$ 溶液和 $6\ mol \cdot L^{-1}$ NaOH 使生成 $[Cr(OH)_4]^-$（碱量加到什么时候为度？），然后加入适量 3% H_2O_2 溶液，微热，观察溶液颜色的变化。写出离子反应方程式（保留溶液作"一、2.(5)"实验用）。

(2)在试管中加入 $1\sim2$ 滴 $0.1\ mol \cdot L^{-1}$ $CrCl_3$ 溶液，用 $3\ mol \cdot L^{-1}$ H_2SO_4 酸化，再滴加数滴 3% H_2O_2 溶液，微热，观察溶液颜色有无变化。

(3)在试管中加入 $2\sim3$ 滴 $0.1\ mol \cdot L^{-1}$ $Cr(NO_3)_3$ 溶液，用几滴水稀释，加入 $2\sim3$ 滴 $0.1\ mol \cdot L^{-1}$ $AgNO_3$ 溶液，再加入少量固体$(NH_4)_2S_2O_8$，微热，观察溶液颜色的变化。写出有关的离子反应方程式。（保留溶液作"一、3.(2)"实验用）

根据实验比较 Cr(Ⅲ)被氧化为 CrO_4^{2-}、$Cr_2O_7^{2-}$ 的条件，及 Cr^{3+} 与 $[Cr(OH)_4]^-$ 还原性的相对强弱。

(4)选择两种合适的还原剂，验证 $K_2Cr_2O_7$ 在酸性介质中才有强氧化性。

思考题：

1.所选还原剂被氧化后的产物以无色或浅色为好，为什么？

2.酸化时能否用稀 HCl？为什么？

(5)过铬酸的生成——Cr^{3+} 的鉴定

取"实验一、2.(1)"所制得的 CrO_4^{2-} 溶液，加入 $0.5\ mL$ 乙醚，用 $3\ mol \cdot L^{-1}$ H_2SO_4 酸化，然后滴加 3% H_2O_2 溶液，摇动试管，观察乙醚层颜色的变化。写出离子反应方程式。

3.难溶铬酸盐的生成

(1)用 $0.1\ mol \cdot L^{-1}$ $AgNO_3$、$BaCl_2$、$Pb(NO_3)_2$、K_2CrO_4 溶液制备适量 Ag_2CrO_4、$BaCrO_4$、$PbCrO_4$ 沉淀，观察各沉淀物的颜色。写出有关反应的离子反应方程式。

*(2)在点滴板上用 pH 试纸测定 $0.1\ mol \cdot L^{-1}$ $K_2Cr_2O_7$ 溶液的 pH 值，然后在 $K_2Cr_2O_7$

溶液中分别加入 $BaCl_2$、$AgNO_3$ 溶液,观察沉淀的颜色,并测试溶液的 pH 值。写出有关反应的离子方程式。解释溶液 pH 值变化的原因。

二、Mn 的化合物

1.$Mn(OH)_2$ 的生成和性质

用 $0.1\ mol \cdot L^{-1}$ $MnSO_4$ 溶液制备适量 $Mn(OH)_2$ 沉淀。在空气中放置一段时间后,观察沉淀颜色的变化。写出有关反应的离子反应方程式。

2.MnS 的生成和性质

取 $0.1\ mol \cdot L^{-1}$ $MnSO_4$ 溶液数滴,加入 $0.1\ mol \cdot L^{-1}$ H_2S 水溶液,观察有无沉淀生成。然后逐滴加入 $2\ mol \cdot L^{-1}$ $NH_3 \cdot H_2O$,观察现象。写出离子反应方程式。解释现象。

3.Mn(Ⅱ)的还原性和 Mn(Ⅳ)、Mn(Ⅶ)的氧化性

用固体 MnO_2、浓 HCl、$0.01\ mol \cdot L^{-1}$ $KMnO_4$、$0.1\ mol \cdot L^{-1}$ $MnSO_4$ 设计一组实验,验证 MnO_2、$KMnO_4$ 的氧化性。写出相应的离子反应方程式。

4.MnO_4^{2-} 盐的生成和性质

(1)取 $0.01\ mol \cdot L^{-1}$ $KMnO_4$ 0.5 mL,加入 $6\ mol \cdot L^{-1}$ $NaOH$ 数滴,再加入少量固体 MnO_2,观察溶液颜色的变化。离心分离,保留溶液做下面的实验用。写出离子反应方程式。

(2)取上述实验所得的 K_2MnO_4 溶液,分盛于两支试管中。在一支试管中加入少量水,另一支试管用 $3\ mol \cdot L^{-1}$ H_2SO_4 酸化,观察现象。写出离子反应方程式。说明 MnO_4^{2-} 稳定存在的介质条件。

三、分离、鉴定

分离并鉴定 Cr^{3+}、Mn^{2+}、Fe^{3+} 的混合液。

☞ 选做实验

1.用最简单的方法,区别下列三组失去标签的溶液:
　　(1)无色透明的 $SnCl_2$ 和 $MnSO_4$ 溶液;
　　(2)K_2CrO_4 溶液和 $FeCl_3$ 溶液;
　　(3)无色透明 $MnSO_4$ 和 $MgSO_4$ 溶液。

2.分离并鉴定 NH_4^+、Cr^{3+}、Al^{3+}、Mn^{2+} 的混合液。

☞ 实验习题

1.为什么洗液能洗涤仪器?红色的洗液使用一段时间后变为绿色就失效了,为什么?

2.能否用 $KMnO_4$ 与浓 H_2SO_4 的混合液来做洗液? 为什么?

3.$KMnO_4$ 溶液中如有 Mn^{2+} 或 MnO_2 存在时,对其稳定性有何影响?

4.试判断下列哪一对物质能共存于弱酸性溶液中:

MnO_4^- 和 Mn^{2+}　　$Cr_2O_7^{2-}$ 和 CrO_4^{2-}　　$Cr_2O_7^{2-}$ 和 Ag^+

附注：

安全知识：

Cr 及其化合物均是有毒物质，特别是 Cr(Ⅵ)、Cr(Ⅲ)毒性最大。Cr(Ⅵ)不仅对消化道和皮肤有强刺激性，且有致癌作用；Cr(Ⅲ)或 Cr(Ⅵ)对人、鱼类、农作物均有害。使用时取量要少，实验后废液要倒入回收容器内统一处理。

实验 21　d 区重要化合物的性质(二)

❋**实验目的**

　　1.掌握 Fe(Ⅱ)、Co(Ⅱ)、Ni(Ⅱ)化合物的还原性和 Fe(Ⅲ)、Co(Ⅲ)化合物的氧化性及其变化规律。

　　2.掌握 Fe、Co、Ni 主要配位化合物的性质及其在定性分析中的应用。

　　3.掌握 Fe^{2+}、Fe^{3+}、Co^{2+}、Ni^{2+} 离子分离、鉴定的原理和方法。

Fe、Co、Ni 重要化合物性质简介:

1.铁系元素的氧化还原性

铁系元素的电势图:

$$\varphi_A^\circ/V \quad Fe^{3+} \xrightarrow{\ 0.77\ } Fe^{2+} \xrightarrow{\ -0.44\ } Fe$$

$$Co^{3+} \xrightarrow{\ 1.80\ } Co^{2+} \xrightarrow{\ -0.29\ } Co$$

$$Ni^{3+} \xrightarrow{\ >1.84\ } Ni^{2+} \xrightarrow{\ -0.25\ } Ni$$

$$\varphi_B^\circ/V \quad FeO(OH) \xrightarrow{\ -0.56\ } Fe(OH)_2 \xrightarrow{\ -0.887\ } Fe$$

$$CoO(OH) \xrightarrow{\ 0.20\ } Co(OH)_2 \xrightarrow{\ -0.37\ } Co$$

从铁系元素的电势图可知:

(1)在酸性介质中,Fe^{3+}、Co^{3+}、Ni^{3+} 均有氧化性,其氧化能力的递变规律是:

$$\xrightarrow{\text{氧化性增强}}$$
$$Fe^{3+}、Co^{3+}、Ni^{3+}$$

与 O_2/H_2O 电对的电极电势值比较:

$$O_2 + 4H^+ + 4e^- \Longrightarrow 2H_2O$$

$$\varphi^\circ(O_2/H_2O) = 1.23 \text{ V}$$

可以看出,在铁系元素中,只有 Fe^{3+} 在水溶液中是稳定的,能形成稳定的氧化值为 +3 的简单盐;而 Co^{3+}、Ni^{3+} 在水溶液中则不能稳定存在,易被还原为 Co^{2+}、Ni^{2+}。因此 Co(Ⅲ)盐只能以固体状态存在,而 Ni(Ⅲ)的简单盐仅能制得极不稳定的 NiF_3。NiF_3 于室温 25 ℃时即分解。

　　(2)M(Ⅱ)在碱性介质中的还原性大于在酸性介质中的还原性(M 代表 Fe、Co、Ni)。其递变规律是:

	还原性减弱　→		
	Fe^{2+}	Co^{2+}	Ni^{2+}
还原性增强 ↓	$Fe(OH)_2$	$Co(OH)_2$	$Ni(OH)_2$

(3)与 O_2/H_2O、O_2/OH^- 电对的电极电势相比较：

$$O_2+4H^++4e^- \Longrightarrow 2H_2O \quad \varphi^o(O_2/H_2O)=1.23 \text{ V}$$

$$O_2+2H_2O+4e^- \Longrightarrow 4OH^- \quad \varphi^o(O_2/OH^-)=0.40 \text{ V}$$

可以看出,在酸性或碱性介质中,Fe(Ⅱ)皆可被空气中的氧所氧化,但在碱性介质中更易被氧化。因此,配制和保存 Fe(Ⅱ)盐溶液时,应加入足够浓度的酸,并加入几颗铁钉。根据 Fe 在酸性溶液中的电势图可知,单质 Fe 和 Fe^{3+} 发生反应生成 Fe^{2+}：

$$2Fe^{3+}+Fe \Longrightarrow 3Fe^{2+}$$

所以,有单质 Fe 存在可增大 Fe^{2+} 的稳定性。

对于 Co(Ⅱ)来说,在酸性溶液中是稳定的(为什么?),但在碱性介质中则可被空气中的氧所氧化,只是反应速度较缓慢。Ni(Ⅱ)则在酸性或碱性介质中均能稳定存在。

以下两表汇总了 $M(OH)_2$ 的还原性,$MO(OH)$ 的氧化性及它们与常见试剂的反应。

反应　试剂 　产物 $M(OH)_2$	空气	中强氧化剂 (如 H_2O_2)	强氧化剂 (如 Cl_2、Br_2 等)	举　例
$Fe(OH)_2$(白色)	FeO(OH) (反应迅速)	FeO(OH)	FeO(OH)	$4Fe(OH)_2+O_2 \to 4FeO(OH)\downarrow+2H_2O$
$Co(OH)_2$(蓝色或 粉红色*)	CoO(OH) 反应缓慢	CoO(OH)	CoO(OH)	$2Co(OH)_2+H_2O_2 \to CoO(OH)\downarrow+2H_2O$
$Ni(OH)_2$(苹果绿)	不作用	不作用	NiO(OH)	$2Ni(OH)_2+Cl_2+2OH^- \to$ $2NiO(OH)\downarrow+2Cl^-+2H_2O$

* $Co(OH)_2$ 沉淀的颜色依生成条件而定。

反应　试剂 　产物 $MO(OH)$	H_2SO_4	浓 HCl	举　例
FeO(OH) (红棕色)	Fe^{3+}	Fe^{3+}	$FeO(OH)+3H^+ \to Fe^{3+}+2H_2O$
CoO(OH) (褐色)	$Co^{2+}+O_2\uparrow$	$[CoCl_4]^{2-}+Cl_2\uparrow$	$4CoO(OH)+8H^+ \to 4Co^{2+}+O_2\uparrow+6H_2O$ $2CoO(OH)+6H^++10Cl^- \to$ $2[CoCl_4]^{2-}+Cl_2\uparrow+4H_2O$
NiO(OH)(黑色)	$Ni^{2+}+O_2\uparrow$	$[NiCl_4]^{2-}+Cl_2\uparrow$	$4NiO(OH)+8H^+ \to 4Ni^{2+}+O_2\uparrow+6H_2O$ $2NiO(OH)+6H^++10Cl^- \to$ $2[NiCl_4]^{2-}+Cl_2\uparrow+4H_2O$

2.铁系元素的配合物

铁系元素都是很好的配合物形成体,可以形成很多种配合物。重要的配合物有氨配合物、氰配合物、硫氰配合物和羟基配合物等。由于铁系元素的很多配合物有特殊颜色,有些配合物不但有特殊颜色而且溶解度很小,稳定性高,因此在分析化学上常利用铁系元素配合物的特殊性质作为离子鉴定和分离的基础。由于氧化态(或还原态)离子形成稳定配离子,对氧化态(或还原态)物质起到稳定作用,使氧化还原电对发生改变,因此同一氧化态的 Fe、Co、Ni 配位离子的氧化还原稳定性与其简单离子的氧化还原稳定性有较大的差异。例如:

氧化还原电对	φ°/V	氧化还原电对	φ°/V
$Co^{3+}+e^- \Longleftrightarrow Co^{2+}$	1.84	$Fe^{3+}+e^- \Longleftrightarrow Fe^{2+}$	0.77
$[Co(NH_3)_6]^{3+}+e^- \Longleftrightarrow [Co(NH_3)_6]^{2+}$	0.1	$[Fe(CN)_6]^{3-}+e^- \Longleftrightarrow [Fe(CN)_6]^{4-}$	0.36
		$[Fe(phen)_6]^{3+}+e^- \Longleftrightarrow [Fe(phen)_6]^{2+}$	1.12

"phen"代表 1,10−二氮菲

其规律是,同种配体与 M^{3+}、M^{2+} 形成的配离子,若 M^{3+} 配离子比 M^{2+} 配离子稳定,则此电对的 φ° 值比 $\varphi^\circ(M^{3+}/M^{2+})$ 小,其结果使 M^{3+} 配离子的氧化性小于 M^{3+} 的氧化性。反之,φ° 值增大,结果使 M^{3+} 配离子的氧化性大于 M^{3+} 的氧化性。$[Co(NH_3)_6]^{3+}$、$[Fe(CN)_6]^{3-}$ 就属于前一种情况。Co^{2+} 稳定性很好,能稳定存在于水溶液中,但 $[Co(NH_3)_6]^{2+}$ 则很不稳定,易被空气中的氧所氧化,所以生产上常利用 $[Co(NH_3)_6]^{2+}$ 易被氧化的特性来得到 $[Co(NH_3)_6]^{3+}$:

$$4[Co(NH_3)_6]^{2+}+O_2+2H_2O \rightarrow 4[Co(NH_3)_6]^{3+}+4OH^-$$
$$\text{(土黄色)} \qquad\qquad\qquad \text{(红棕色)}$$

☞ 实验内容

一、Fe(Ⅱ)、Co(Ⅱ)、Ni(Ⅱ)化合物的还原性

1.Fe(Ⅱ)化合物的还原性

(1)在一支试管中,加入 1 mL 蒸馏水和数滴稀 H_2SO_4,煮沸以赶去空气(为什么?)。待冷却后,加入少量 $(NH_4)_2Fe(SO_4)_2 \cdot 6H_2O$ 固体,制得 $(NH_4)_2Fe(SO_4)_2$ 溶液(溶液保留做"实验一、1.(2)"用)。

在另一支试管中,加入 6 mol·L^{-1} NaOH 溶液 3 mL,煮沸以赶去空气。待冷却后,用滴管吸取 NaOH 溶液,插入 $(NH_4)_2Fe(SO_4)_2$ 溶液(至试管底部),慢慢放出 NaOH 溶液(注意整个操作都要避免将空气带入溶液),观察白色 $Fe(OH)_2$ 沉淀的生成。摇动后放置一段时间,观察沉淀的颜色变化。写出离子反应方程式。

通过实验比较酸、碱性介质对 Fe(Ⅱ)化合物的还原性强弱的影响。

(2)取 0.1 mol·L^{-1} $KMnO_4$ 溶液 1~2 滴,用 3 mol·L^{-1} H_2SO_4 酸化,然后滴加上述实验所制得的 $(NH_4)_2Fe(SO_4)_2$ 溶液,观察溶液颜色的变化。写出离子反应方程式。

2.Co(Ⅱ)化合物的还原性

在试管中加入 0.1 mol·L^{-1} $CoCl_2$ 溶液 0.5 mL,煮沸(目的是什么?),滴加"实验一、1.(1)"赶去空气的 NaOH 溶液数滴,观察现象。将沉淀分盛于两支试管中,一支试管中的沉淀放置片刻,观察沉淀的颜色变化;另一试管加入数滴 3% H_2O_2 溶液,观察沉淀颜色的变化(沉淀保留做"实验二、2."用)。写出离子反应方程式。

3.Ni(Ⅱ)化合物的还原性

在两支试管中分别加入 0.1 mol·L^{-1} $NiSO_4$ 溶液 0.5 mL 和数滴 NaOH 溶液,观察现象。然后在一支试管中加入 3% H_2O_2 数滴,另一支试管加入数滴 Br_2 水(或 NaClO 溶液),观

察现象有何不同。所得 NiO(OH)沉淀保留做"实验二、3."用。写出有关的离子反应方程式。

二、Fe(Ⅲ)、Co(Ⅲ)、Ni(Ⅲ)化合物的氧化性

1.自制少许 FeO(OH)沉淀,然后加入浓 HCl,观察现象。再加入 1～2 滴 0.1 mol·L^{-1} KI 溶液和 1～2 滴 4%淀粉溶液,观察现象。写出有关的离子反应方程式。

2.用"实验一、2."制得的 CoO(OH)沉淀,加入少许浓 HCl 溶液,观察现象,并检验所产生的气体。写出离子反应方程式。

3.用"实验一、3."制得的 NiO(OH)沉淀,加入少许浓 HCl 溶液,观察现象,并检验所产生的气体。写出离子反应方程式。

根据实验比较 Fe(OH)$_2$、Co(OH)$_2$、Ni(OH)$_2$ 还原性的强弱和 FeO(OH)、CoO(OH)、NiO(OH)氧化性的强弱。

三、Fe、Co、Ni 的配合物

1.设计一组利用生成配合物反应的实验来鉴定下列离子:

(1)Fe^{2+};(2)Fe^{3+};(3)Fe^{3+} 和 Co^{2+} 混合液中的 Co^{2+}。

提示:

1.用生成[Co(NCS)$_4$]$^{2-}$ 法来鉴定 Co^{2+} 时,应如何除去 Fe^{3+} 的存在对 Co^{2+} 鉴定的干扰?

2.由于[Co(NCS)$_4$]$^{2-}$ 在水溶液中不稳定,鉴定时要加饱和 KSCN 溶液或固体 KSCN,并加入丙酮或戊醇萃取,使[Co(NCS)$_4$]$^{2-}$ 更稳定,蓝色更显著。

写出对应的离子反应方程式。

2.在点滴板的圆穴内加入 1 滴 0.1 mol·L^{-1} NiSO$_4$ 溶液、1 滴 2 mol·L^{-1} NH$_3$·H$_2$O,再加入 1 滴 1%丁二酮肟,观察鲜红色沉淀的生成。

3.Co、Ni 的氨配合物

(1)在试管中加入 0.1 mol·L^{-1} CoCl$_2$ 溶液 0.5 mL,加入过量 6 mol·L^{-1} NH$_3$·H$_2$O 至生成的沉淀溶解为止,观察现象。静置片刻,再观察现象。写出有关的离子反应方程式。

(2)在试管中加入 0.1 mol·L^{-1} NiSO$_4$ 溶液 0.5 mL,加入过量 6 mol·L^{-1} NH$_3$·H$_2$O 至生成的沉淀溶解为止,观察现象。静置片刻,再观察现象。写出有关的离子反应方程式。

根据实验比较[Co(NH$_3$)$_6$]$^{2+}$、[Ni(NH$_3$)$_6$]$^{2+}$氧化还原稳定性的相对大小。

四、分离、鉴定

分离并鉴定 Fe^{3+}、Cr^{3+}、Ni^{2+} 的混合液。

☞ 选做实验

1.选用两种合适的氧化剂,验证 Fe^{2+} 的还原性,写出离子反应方程式。

2.选用两种合适的还原剂,验证 Fe^{3+} 的氧化性,写出离子反应方程式。

3.分离和鉴定下列各对离子:

Fe^{3+} 和 Ni^{2+} Cr^{3+} 和 Ni^{2+}

☞ 实验习题

1.为什么制取 $Fe(OH)_2$ 所用的蒸馏水和 NaOH 溶液都需要煮沸以赶去空气?

2.制取 $Co(OH)_2$ 时,$CoCl_2$ 溶液为什么须在加 NaOH 前加热?

3.$FeCl_3$ 的水溶液呈黄色,当它与什么物质作用时,会呈现下列现象:

　(1)棕红色沉淀;(2)血红色;(3)无色;(4)深蓝色沉淀。

实验 22　ds 区重要化合物的性质

> ❊**实验目的**
>
> 1.掌握 Cu、Ag、Zn、Cd、Hg 氢氧化物的酸碱性和热稳定性。
>
> 2.掌握 Cu、Ag、Zn、Cd、Hg 常见配合物的性质。
>
> 3.掌握 Cu(I)和 Cu(Ⅱ)、Hg_2^{2+} 和 Hg^{2+} 重要化合物的性质及相互转化的条件以及 Cu^{2+}、Ag^+、Zn^{2+}、Cd^{2+}、Hg^{2+} 等离子的鉴定方法。

ds 区重要化合物性质简介：

1.Cu、Ag、Zn、Cd、Hg 氢氧化物的酸碱性和热稳定性

(1)ⅠB 族元素氢氧化物的酸碱性和热稳定性

物质 性质	CuOH(黄色)	Cu(OH)₂(浅蓝色)	AgOH(白色)
溶解性	难溶于水	难溶于水	难溶于水
酸碱性	中强碱	两性(以碱性为主),易溶于酸和浓的强碱溶液中	碱性
热稳定性	不稳定,微热即脱水为 Cu_2O $2CuOH \xrightarrow{\text{微热}} Cu_2O + H_2O$ (暗红色)	稳定性较差,受热易脱水为 CuO $Cu(OH)_2 \xrightarrow{80\sim90\ ℃} CuO + H_2O$ (黑色)	很不稳定,在常温下立即脱水为 Ag_2O $2AgOH \longrightarrow Ag_2O + H_2O$ (褐色) 实验证明,Ag^+ 盐只有于 0.1 mol·L^{-1} NH_3·H_2O 作用下或用强碱作用于可溶性 Ag^+ 盐的酒精溶液且在低于 -45 ℃条件下才能制得 AgOH

热稳定性变差

$$\longrightarrow$$

（2）ⅡB 族元素氢氧化物的酸碱性和热稳定性

性质＼物质	Zn(OH)$_2$（白色）	Cd(OH)$_2$（白色）	HgO（黄色）
溶解性	难溶于水	难溶于水	难溶于水
酸碱性	两性	碱性	碱性
热稳定性	较稳定,热分解温度为 877 ℃ $$Zn(OH)_2 \xrightarrow{877\ ℃} ZnO + H_2O$$ （白色）	稳定性较差,热分解温度为 197 ℃ $$Cd(OH)_2 \xrightarrow{197\ ℃} CdO + H_2O$$ （棕色）	Hg(OH)$_2$ 极不稳定,至目前为止还未制得过。在可溶性 Hg^{2+} 盐溶液中加碱得到的是氧化物沉淀而不是氢氧化汞 $$Hg^{2+} + 2OH^- \rightarrow HgO + H_2O$$ （黄色）

热稳定性变差

$\longrightarrow$

2.Cu(Ⅱ)、Cu(Ⅰ)、Ag(Ⅰ)、Zn(Ⅱ)、Cd(Ⅱ)、Hg(Ⅱ)、Hg(Ⅰ)的氧化还原性

Cu、Ag、Zn、Cd、Hg 的电势图如下：

$$\varphi_A^\ominus /V \quad Cu^{2+} \underline{\quad 0.17 \quad} Cu^+ \underline{\quad 0.52 \quad} Cu \qquad Ag^+ \underline{\quad 0.7996 \quad} Ag$$

$$\underline{\qquad\qquad 0.34 \qquad\qquad}$$

$$\varphi_A^\ominus /V \quad Zn^{2+} \underline{\quad -0.76 \quad} Zn \qquad Cd^{2+} \underline{\quad -0.403 \quad} Cd \qquad Hg^{2+} \underline{\quad 0.907 \quad} Hg_2^{2+} \underline{\quad 0.792 \quad} Hg$$

$$\underline{\qquad\qquad 0.854 \qquad\qquad}$$

从电势图可知：

（1）Cu^{2+}、Ag$^+$、Hg^{2+}、Hg$_2^{2+}$ 及其对应的化合物均具有氧化性,是中强氧化剂,而 Zn^{2+}、Cd^{2+} 及其对应的化合物一般不显氧化性。例如：

$$2Cu^{2+} + 4I^- \longrightarrow 2CuI \downarrow + I_2$$
（白色）

$$2Ag^+ + Mn^{2+} + 4OH^- \longrightarrow 2Ag \downarrow + MnO(OH)_2 \downarrow + H_2O$$

分析化学上利用此反应来鉴定 Ag$^+$ 或 Mn^{2+}。

（2）$\varphi^\circ(Cu^{2+}/Cu^+) < \varphi^\circ(Cu^+/Cu)$,所以在水溶液中 Cu$^+$ 极不稳定,易发生歧化反应：

$$2Cu^+ \rightleftharpoons Cu^{2+} + Cu \quad K = 1.48 \times 10^6$$

由于上述歧化反应的平衡常数很大,且反应速度又快,所以可溶性 Cu(Ⅰ)的化合物溶于水即迅速发生歧化反应,即 Cu(Ⅰ)的氧化还原稳定性差。根据平衡移动原理,只有形成难溶性 Cu$^+$ 的化合物或稳定的 Cu$^+$ 配合物时,Cu(Ⅰ)才是稳定的。例如在热的浓 HCl 中或 NaCl-HCl 体系中,用 Cu 粉还原 CuCl$_2$,可得到[CuCl$_2$]$^-$ 离子,用水稀释可得到难溶性的 CuCl：

$$Cu^{2+} + Cu + 4Cl^- \xrightarrow{\triangle} 2[CuCl_2]^-$$
（无色）

$$2[CuCl_2]^- \xrightarrow{\text{稀释}} 2CuCl \downarrow + 2Cl^-$$
$$\text{（白色）}$$

（3）$\varphi^{\ominus}(Hg^{2+}/Hg_2^{2+}) > \varphi^{\ominus}(Hg_2^{2+}/Hg)$，在溶液中 Hg_2^{2+} 不发生歧化反应，但 Hg^{2+} 可氧化 Hg 成为 Hg_2^{2+}

$$Hg^{2+} + Hg \Longrightarrow Hg_2^{2+} \quad K \approx 70$$

从反应的平衡常数看，平衡时，Hg^{2+} 基本上能转化为 Hg_2^{2+}。但根据平衡移动原理，如果促使上述体系中 Hg^{2+} 形成难溶性的物质或难电离的配合物，以降低溶液中 Hg^{2+} 的溶度，则上述平衡就能移向左方，导致 Hg_2^{2+} 发生歧化反应。例如：

$$Hg_2Cl_2 + 2NH_3 \cdot H_2O \longrightarrow [Hg(NH_2)]Cl \downarrow \text{（白色）} + Hg \downarrow + NH_4Cl + 2H_2O$$

$$Hg_2^{2+} + S^{2-} \longrightarrow HgS \downarrow + Hg \downarrow$$

$$2Hg_2(NO_3)_2 + 4NH_3 \cdot H_2O \longrightarrow HgO \cdot NH_2HgNO_3 \downarrow + 2Hg \downarrow + 3NH_4NO_3 + 3H_2O$$
$$\text{（白色）}$$

3.Cu^{2+}、Ag^+、Zn^{2+}、Cd^{2+}、Hg^{2+} 都是很好的配合物形成体，可以形成多种配合物。

☞ 实验内容

一、氢氧化物的生成和性质

1.取 0.1 mol·L^{-1} $CuSO_4$ 溶液 1 mL，滴加 2 mol·L^{-1} NaOH 溶液，观察 $Cu(OH)_2$ 沉淀的颜色。将沉淀分盛于三支试管中，在其中两支试管中分别加入 2 mol·L^{-1} HCl、6 mol·L^{-1} NaOH。将另一支试管加热，观察现象。写出对应的离子反应方程式。

2.取 0.1 mol·L^{-1} $AgNO_3$ 溶液数滴，滴加 2 mol·L^{-1} NaOH，观察生成沉淀的颜色。写出离子反应方程式。

*3.取 0.1 mol·L^{-1} $Hg(NO_3)_2$ 溶液数滴，滴加 2 mol·L^{-1} NaOH，观察颜色。写出离子反应方程式。

通过实验，对 Cu、Ag、Hg 氢氧化物的热稳定性强弱做出结论。

二、配合物的生成和性质

1.氨合物的生成和性质

（1）在三支试管中分别加入少量 0.1 mol·L^{-1} $CuSO_4$、0.1 mol·L^{-1} $ZnSO_4$、0.1 mol·L^{-1} $CdSO_4$ 溶液，再分别滴加 2 mol·L^{-1} $NH_3 \cdot H_2O$，观察生成沉淀的颜色。继而加入过量 6 mol·L^{-1} $NH_3 \cdot H_2O$，观察现象。用 0.1 mol·L^{-1} $HgCl_2$ 溶液做同样的实验。比较 Cu^{2+}、Ag^+、Zn^{2+}、Cd^{2+}、Hg^{2+} 与 $NH_3 \cdot H_2O$ 反应有什么不同。写出对应的离子反应方程式。保留 $[Cu(NH_3)_4]^{2+}$ 溶液做下面实验用。

（2）取所制的 $[Cu(NH_3)_4]^{2+}$ 溶液分盛于两支试管中，其中一支试管中加入 2 mol·L^{-1} NaOH，另一支试管中加入 0.1 mol·L^{-1} Na_2S，观察现象。写出离子反应方程式。

2.银的配合物

（1）取少量 0.1 mol·L^{-1} $AgNO_3$ 溶液，加入数滴 0.1 mol·L^{-1} NaCl，观察现象。然后将沉淀分盛于两支试管中，其中一支试管加入 2 mol·L^{-1} $NH_3 \cdot H_2O$，另一支试管加入 0.1

mol・L^{-1} $Na_2S_2O_3$ 溶液，观察 AgCl 沉淀的溶解情况。写出对应的离子反应方程式。

(2)制取少量 AgBr 和 AgI 沉淀,按实验(1)试验它们在 NH_3・H_2O 和 $Na_2S_2O_3$ 溶液中的溶解情况。写出对应的离子反应方程式。

*3.汞的配合物

(1)取 0.1 mol・L^{-1} $Hg(NO_3)_2$ 溶液 1 滴,滴加几滴 0.1 mol・L^{-1} KI,观察生成沉淀的颜色,继而加入过量 KI 溶液,观察现象。写出离子反应方程式。

(2)在实验(1)所得的溶液中,加入数滴 40%NaOH,即得奈斯勒试剂。

在点滴板上加 1 滴 0.1 mol・L^{-1} NH_4Cl 溶液,再加入 1～2 滴自制的奈斯勒试剂,观察现象,写出离子反应方程式。

(3)用 0.1 mol・L^{-1} $Hg_2(NO_3)_2$ 做与(1)同样的试验。比较(1)、(3)实验,分析 $Hg_2(NO_3)_2$ 与 KI 反应有何不同。写出离子反应方程式。

三、Cu(Ⅱ)的氧化性和 Cu(Ⅰ)与 Cu(Ⅱ)的转化

1.CuCl 的生成和性质

取少量 Cu 粉,加入 1 mol・L^{-1} $CuCl_2$ 溶液 10 滴、饱和 NaCl 溶液 8 滴和浓 HCl 2 滴,小火加热至溶液近无色,停止加热,把溶液全部倒入盛有约 50 mL 水的小烧杯中(注意剩余的铜粉不要倒入烧杯),观察白色沉淀的生成。静置,用小滴管插入小烧杯底部吸取少许 CuCl 沉淀,分别与 2 mol・L^{-1} NH_3・H_2O 和浓 HCl 反应,观察现象。写出离子反应方程式。

2.CuI 的性质

取 0.1 mol・L^{-1} $CuSO_4$ 溶液 0.5 mL,滴加 0.1 mol・L^{-1} KI 溶液,离心分离,吸取清液 1 滴,加蒸馏水稀释,用淀粉溶液检验溶液中是否有 I_2 生成。洗涤沉淀,观察沉淀的颜色。写出离子反应方程式。

四、分离、鉴定

分离并鉴定 Zn^{2+}、Cd^{2+}、Cu^{2+} 的混合液。

☞ 选做实验

1.试分离下列两组离子:

(1)Ag^+、Hg^{2+};(2)Hg^{2+}、Zn^{2+}。

2.分离并鉴定 Cu^{2+}、Ag^+、Zn^{2+}、Hg^{2+} 的混合液。

☞ 实验习题

1.能否用铜制容器存放 NH_3・H_2O?为什么?(用 $\varphi^o([Cu(NH_3)_4]^{2+}/Cu)$ 值进行解释)

2.Cu(Ⅰ)和 Cu(Ⅱ)各自稳定存在和相互转化的条件是什么?

3.CuI(s)溶于 NH_3・H_2O(或浓 HCl)后生成的产物常呈蓝色(或黄色),为什么?

4.五个失去标签的试剂瓶分别含有 Cu^{2+}、Ag^+、Zn^{2+}、Hg^{2+}、Hg_2^{2+} 盐,试选用同一种试剂把它们鉴别出来。

实验 23　常见阳离子的分离与鉴定

❋**实验目的**

掌握常见阳离子分离、鉴定的原理和方法。

👉 实验原理

常见阳离子分离鉴定的原理和方法,参看实验 19。

1.阳离子的分组

阳离子一般由周期表左方及中部的元素构成。关于阳离子的分组依据和方法,国内外学者有不同的见解。下面主要介绍硫化氢系统的阳离子分组方法,根据常见阳离子硫化物溶解度的不同,可以把阳离子分成三组,如表 23-1 所示。

表 23-1　阳离子的分组(硫化氢系统)

组别	构成各组的阳离子	组试剂	特性
易溶组	K^+、Na^+、NH_4^+、Mg^{2+}、Ca^{2+}、Ba^{2+} 等离子	无组试剂	硫化物溶于水
硫化铵组	Al^{3+}、Cr^{3+}、Fe^{3+}、Fe^{2+}、Mn^{2+}、Co^{2+}、Ni^{2+}、Zn^{2+} 等离子	$(NH_4)_2S$	硫化物难溶于水,易溶于非氧化性稀酸
硫化氢组	Pb^{2+}、Cu^{2+}、Sb^{3+}、$Sb(V)$、Sn^{2+}、$Sn(Ⅳ)$、$As(Ⅲ)$、$As(V)$、Hg^{2+} 等离子	稀 HCl 条件下通 H_2S	硫化物难溶于非氧化性稀酸

除根据各阳离子的硫化物溶解度不同分组外,在实际分析工作中,根据分析对象的具体情况和要求的不同,可以灵活地应用阳离子与常用试剂所表现的其他特性(如氯化物、硫酸盐、氢氧化物的溶解性、酸碱性、配合性等)的不同进行分组。

2.常见阳离子与常用试剂的反应

(1)与 HCl 的反应

在常见阳离子中,能与 HCl 生成氯化物沉淀的有 Ag^+、Pb^{2+}、Hg_2^{2+} 等离子。

$$\left.\begin{array}{r} Ag^+ \\ Pb^{2+} \\ Hg_2^{2+} \end{array}\right\} \xrightarrow{HCl} \left\{\begin{array}{l} AgCl\downarrow(白色)溶于氨水 \\ PbCl_2\downarrow(白色)溶于热水 \\ Hg_2Cl_2\downarrow(白色) \end{array}\right.$$

$PbCl_2$ 的溶解度比较大,只能在 Pb^{2+} 浓度较大时才析出沉淀,所以加入 HCl 后,若无白色沉淀析出,只能证明无 Ag^+ 及 Hg_2^{2+} 存在,不能证明无 Pb^{2+} 存在。

(2)与 H_2SO_4 的反应

在常见阳离子中,与 H_2SO_4 形成硫酸盐沉淀的有 Ba^{2+}、Sr^{2+}、Ca^{2+}、Pb^{2+}、Hg_2^{2+} 等离子。

$$\left.\begin{array}{r}Ba^{2+} \\ Sr^{2+} \\ Ca^{2+} \\ Pb^{2+} \\ Hg_2^{2+}\end{array}\right\} \xrightarrow{H_2SO_4} \left\{\begin{array}{l}BaSO_4 \downarrow（白色） \\ SrSO_4 \downarrow（白色）\end{array}\right\}难溶于强酸$$

$BaSO_4 \downarrow（白色）$、$SrSO_4 \downarrow（白色）$｝难溶于强酸
$CaSO_4 \downarrow（白色）$溶解度较大，当 Ca^{2+} 的浓度很大时才析出沉淀
$PbSO_4 \downarrow（白色）$溶于 NH_4Ac，生成$[Pb(Ac)_3]^-$
$Hg_2SO_4 \downarrow（白色）$

（3）与 NaOH 的反应

有两种情况：

①生成两性氢氧化物沉淀，能溶于过量 NaOH 的离子

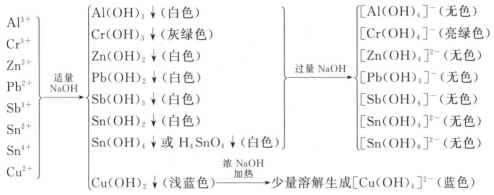

②生成氢氧化物、氧化物或碱式盐沉淀，难溶于过量 NaOH 的离子

$$\left.\begin{array}{r}Mg^{2+} \\ Fe^{3+} \\ Fe^{2+} \\ Mn^{2+} \\ Cd^{2+} \\ Ag^+ \\ Hg^{2+} \\ Hg_2^{2+} \\ Co^{2+} \\ Ni^{2+}\end{array}\right\} \xrightarrow{NaOH}$$

$Mg(OH)_2 \downarrow（白色）$

$Fe(OH)_3 \downarrow（红棕色）\xrightarrow{浓\ NaOH}$少量生成$[Fe(OH)_6]^{3-}$

$Fe(OH)_2 \downarrow（白色）\xrightarrow{空气中}Fe(OH)_3 \downarrow（红棕色）$

$Mn(OH)_2 \downarrow（白色）\xrightarrow{空气中}MnO(OH)_2 \downarrow（棕褐色）$

$Cd(OH)_2 \downarrow（白色）$

$Ag_2O \downarrow（褐色）$

$HgO \downarrow（黄色）$

$Hg_2O \downarrow（黑色）$

碱式盐 $\downarrow$（蓝色）｝$\xrightarrow{浓\ NaOH}$ $Co(OH)_2 \downarrow$（粉红色）
碱式盐 $\downarrow$（浅绿色）｝ $Ni(OH)_2 \downarrow$（绿色）

（4）与氨水的反应

①生成氢氧化物、氧化物或碱式盐沉淀，能溶于过量氨水并生成氨合离子

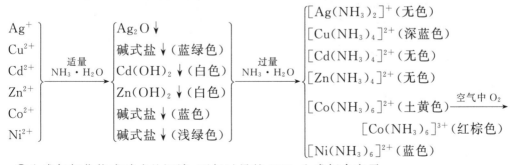

②生成氢氧化物或碱式盐沉淀，不与过量的 NH_3 生成氨合离子

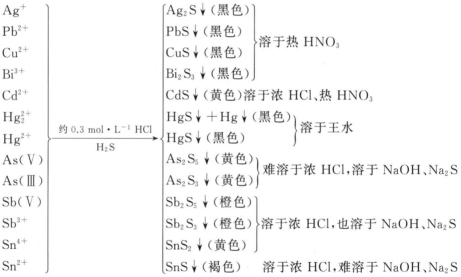

（5）与 H_2S 或 $(NH_4)_2S$ 的反应

①在约 0.3 mol·L^{-1} HCl 条件下通入 H_2S，能生成沉淀的金属离子

HgS、As_2S_5、As_2S_3、Sb_2S_5、Sb_2S_3、SnS_2 等易溶于 Na_2S 溶液中，生成可溶性的硫代酸盐。

$$
\begin{array}{c}
As_2S_5 \\
As_2S_3 \\
Sb_2S_5 \\
Sb_2S_3 \\
SnS_2 \\
HgS
\end{array}
\left.\xrightarrow{Na_2S}\right.
\begin{array}{c}
AsS_4^{3-} \\
AsS_3^{3-} \\
SbS_4^{3-} \\
SbS_3^{3-} \\
SnS_3^{2-} \\
HgS_2^{2-}
\end{array}
\left.\right\}
\text{酸化后又重新析出硫化物沉淀并产生硫化氢}
$$

②与$(NH_4)_2S$(或在氨性溶液中通 H_2S)作用生成沉淀的金属离子

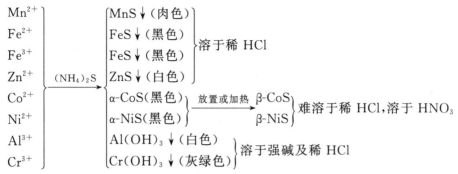

As(Ⅴ)在热的,大于 9 mol·L^{-1} HCl 溶液中与 H_2S 作用才能生成 As_2S_5 沉淀。在稀 HCl 溶液中,可选用将 As(Ⅴ)还原为 As(Ⅲ),这样就很容易析出 As_2S_3 沉淀。

Fe^{3+} 在 S^{2-} 作用下易被还原为 Fe^{2+},为此主要生成 FeS 沉淀。

阳离子混合液的分离与鉴定举例:

例1　Ag^+、Cu^{2+}、Al^{3+}、Fe^{3+} 混合液的分离与鉴定(混合液中 Cu^{2+} 浓度较低)。

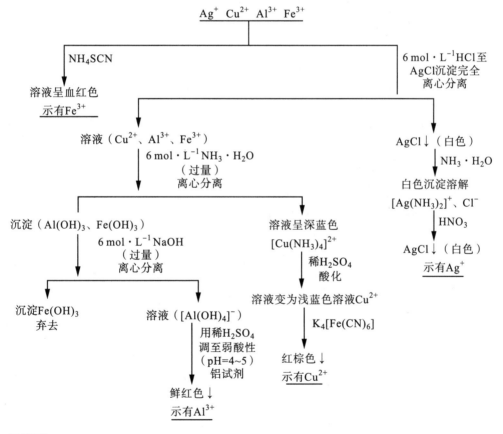

思考题:

(1)混合液中的 Cu^{2+} 能否采用"分别分析法"进行鉴定?

(2)当混合液中的 Cu^{2+} 浓度较高时,能否直接用 NH_4SCN 试剂对 Fe^{3+} 进行分别分析?为什么?

(3)试设计另一方案对上述混合液进行分离与鉴定。

例 2　NH_4^+、Fe^{3+}、Co^{2+}、Na^+ 混合液的定性分析。

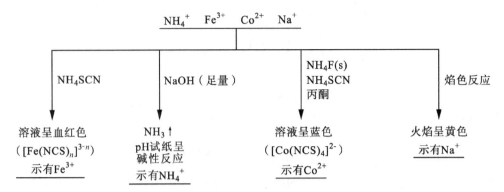

☞ 实验内容

1. Ag^+、Pb^{2+}、Fe^{3+}、Ni^{2+} 混合液的分离与鉴定；
2. Cu^{2+}、Ag^+、Zn^{2+}、Cd^{2+} 混合液的分离与鉴定；
3. Ba^{2+}、Fe^{3+}、Co^{2+}、Al^{3+} 混合液的分离与鉴定；
4. Cu^{2+}、NH_4^+、Zn^{2+}、Hg^{2+} 混合液的分离与鉴定；
5. Cr^{3+}、NH_4^+、Al^{3+}、Mn^{2+} 混合液的分离与鉴定。

任选其中两组,拟定分离与鉴定方案,进行实验,写出报告。

☞ 实验习题

1. 拟定分析方案的原则是什么？
2. 根据试液的颜色估计哪些离子可能存在？
3. 检验溶液的酸碱性,可排除哪些离子的存在？

第五部分

无机化合物制备实验

实验 24　粗盐的提纯

> ※**实验目的**
>
> 　　学习由海盐制试剂级氯化钠的方法;练习溶解、过滤、蒸发、结晶等基本操作。

☞ 实验用品

　　仪器:烧杯、量筒、普通漏斗、漏斗架、吸滤瓶、布氏漏斗、三角架、石棉网、台秤、表面皿、蒸发皿、循环水式真空泵、滴液漏斗、圆底烧瓶、广口瓶、铁架台、试管、离心管、滴定管(酸式)、比色管(25 mL)

　　固体药品:粗食盐、氯化钠(分析纯或化学纯)

　　液体药品:H_2SO_4(浓)、Na_2CO_3(1 mol·L^{-1})、NaOH(2 mol·L^{-1})、HCl(3 mol·L^{-1})、$BaCl_2$(1 mol·L^{-1})、淀粉(0.4%)、荧光素(0.5%)、酚酞(1%)、乙醇(95%)、Na_2SO_4 标准溶液、$AgNO_3$ 标准溶液、NaOH 标准溶液

　　材料:滤纸、pH 试纸

☞ 基本操作

一、固体物质的提纯

　　在无机制备以及固体物质提纯过程中,会经常遇到溶解、过滤、蒸发(浓缩)、结晶(重结晶)等基本操作,现分述如下。

1.固体溶解

　　将固体物质溶解于某一溶剂时,通常要考虑温度对物质溶解度的影响和实际需要而取适量溶剂。

　　加热一般可加速溶解过程,应根据物质的热稳定性选用直接用火加热或用水浴等间接加热方法。

　　溶解在不断搅动下进行,用搅拌棒搅动时,应手持搅拌棒搅并转动手腕使搅拌棒在液体中均匀地转圈子,不要用力过猛,不要使搅拌棒碰在器壁上,以免损坏容器。

　　如果固体颗粒太大不易溶解时,应先在洁净干燥的研钵中将固体研细,研钵中盛放固体的量不要超过其容量的 1/3。

2.过滤

过滤是最常用的分离方法之一。当沉淀和溶液经过过滤器时,沉淀留在过滤器上,溶液通过过滤器进入容器中,所得溶液称为滤液。

过滤时,应考虑各种因素的影响而选用不同的方法。一般粘度愈小,过滤愈快。通常热的溶液粘度小,比冷的溶液容易过滤。另外减压过滤比在常压下过滤快。过滤器的孔隙大小有不同的规格,应根据沉淀颗粒的大小选择使用。孔隙太大,小颗粒沉淀易透过;孔隙太小,又易被小颗粒沉淀堵塞,使过滤难以继续进行。如果沉淀是胶状的,可在过滤前用加热的方法使其破坏,以免胶状沉淀透过滤纸。

常用的过滤方法有常压过滤(普通过滤)、减压过滤(吸滤)和热过滤三种。

(1)常压过滤

此法最为简单、常用。应以能容纳的沉淀量选用漏斗大小。滤纸有定性滤纸和定量滤纸两种(无机定性实验常用定性滤纸),按孔隙大小分为"快速"、"中速"、"慢速"三种,根据需要加以选择使用。滤纸的大小应略低于漏斗边缘。

先把一圆形或方形滤纸对折两次成扇形(方形滤纸需剪成扇形),展开后呈圆形(如图24-1),恰能与60°角的漏斗相密合。如果漏斗的角度大于或小于60°,应该适当改变滤纸折成的角度使之与漏斗内壁相密合。然后在三层滤纸那边将外两层撕去一小角,用食指将滤纸按在漏斗内壁上,用少量蒸馏水润湿滤纸,轻压滤纸四周,赶去滤纸与漏斗壁间的气泡,使滤纸紧贴在漏斗壁上。为加速过滤速度,应使漏斗颈部形成完整的水柱。为此,加蒸馏水至滤纸边缘,让水全部流下,漏斗颈内应全部被水充满。若未形成完整的水柱,可用手指堵住漏斗下口,稍掀起滤纸的一边用洗瓶向滤纸和漏斗空隙加水,使漏斗的锥体被水充满,轻压滤纸边,放开堵住口的手指,即可形成水柱。

图24-1　滤纸的折叠方法

过滤时还应该注意以下几点:漏斗应放在漏斗架上;要调整漏斗架的高度,以使漏斗颈部末端紧靠接受器内壁;先倾倒溶液,后转移沉淀,转移时使用玻璃棒;倾倒溶液时,应使玻璃棒放于三层滤纸上,漏斗中的液面高度应略低于滤纸边缘(1 cm)(图24-2)。

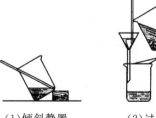

(1)倾斜静置　　　　(2)过滤

图24-2　过滤操作

如果沉淀需要洗涤,应待溶液转移完毕,用少量洗涤剂倒入沉淀,然后用玻璃棒充分搅动,静止放置一段时间,待沉淀沉降后,将上方清液倒入漏斗过滤,如此重复洗涤三遍,最后将沉淀转移到滤纸上。

(2)减压过滤

此法可加速过滤,并使沉淀抽吸得较干燥,但不宜用于过滤胶状沉淀和颗粒太小的沉淀,因为胶状沉淀在快速过滤时易透过滤纸,颗粒太小的沉淀易在滤纸上形成一层密实的沉淀,溶液不易透过。减压过滤装置如图24-3所示。

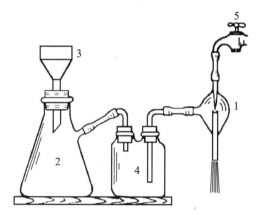

1.水泵;2.吸滤瓶;3.布氏漏斗;4 安全瓶;5.自来水龙头

图 24-3　减压过滤的装置

抽气泵起带走空气的作用,使吸滤瓶内减压,造成瓶内与布氏漏斗液面上的压力差,因而加快了过滤速度。

吸滤瓶用来承接滤液。布氏漏斗上有许多小孔,漏斗管插入单孔橡皮塞,与吸滤瓶相接。应注意橡皮塞塞入吸滤瓶内的部分不得超过塞子高度的2/3。还应注意漏斗管下方的斜口要对着吸滤瓶的支管口。

当要求保留溶液时,需在吸滤瓶和抽气泵之间装上一安全瓶,以防止当关闭抽气泵或水的流量突然变小时自来水回流吸入滤瓶内(此现象称为反吸或倒吸)而把溶液弄脏。安装时应注意安全瓶长管和短管的连接顺序,不要连错了。

吸滤操作如下:

①按图装好仪器后,将滤纸放入布氏漏斗内,滤纸大小以略小于漏斗内径又能将全部小孔盖住为宜。用蒸馏水润湿滤纸,微开水门,抽气,使滤纸紧贴在漏斗瓷板上。

②用倾析法先转移溶液,溶液量不应超过漏斗容量的2/3,开大水门,待溶液快流尽时再转移沉淀。

③注意观察吸滤瓶内液面高度,当快达到支管口位置时,应拔掉吸滤瓶上的橡皮管,从吸滤瓶上口倒出溶液,不要从支管口倒出,以免弄脏溶液。

④洗涤沉淀时,应放小水门,使洗涤剂缓慢通过沉淀物,这样容易洗净。

⑤吸滤完毕或中间需停止吸滤时,应注意需先拆下连接抽气泵和吸滤瓶的橡皮管,然后关闭水龙头,以防反吸。

如果过滤的溶液具有强酸性、强碱性或是强氧化性,溶液会破坏滤纸,此时可用玻璃纤维或玻璃砂芯漏斗等代替滤纸。

（3）热过滤

某些溶质在溶液温度降低时,易成晶体析出,为了滤除这类溶液中所含的其他难溶性杂质,通常使用热滤漏斗进行过滤(图 24-4),防止溶质结晶析出。过滤时,把玻璃漏斗放在铜质的热滤漏斗内,热滤漏斗内装有热水(水不要太满,以免水加热至沸后溢出)以维持溶液的温度。也可以事先把玻璃漏斗在水浴上用蒸汽加热,再使用。热过滤选用的玻璃漏斗颈越短越好(为什么?)。

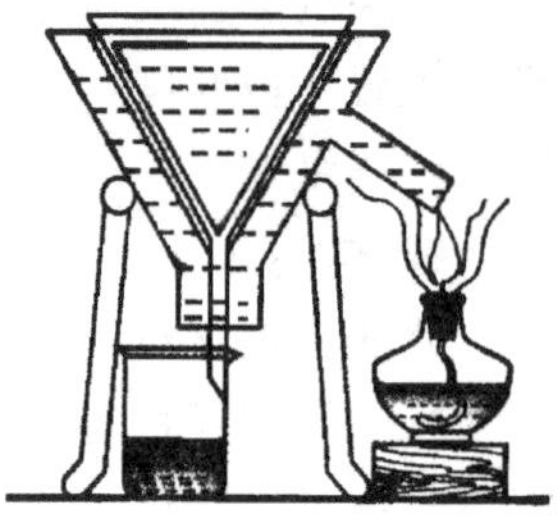

图 24-4　热过滤

3.蒸发(浓缩)

为了使溶质从溶液中析出,常采用加热的方法使水分不断蒸发,溶液不断浓缩而析出晶体。蒸发通常在蒸发皿中进行,因为它的表面积较大,有利于加速蒸发。注意加入蒸发皿中液体的量不得超过其容量的 2/3,以防液体溅出。如果液体量较多,蒸发皿一次盛不下,可随水分的不断蒸发继续添加液体。注意不要使瓷蒸发皿骤冷,以免炸裂。根据物质对热的稳定性可以选用酒精灯直接加热或用水浴间接加热。若物质的溶解度较大,应加热到溶液表面出现晶膜才停止加热。若物质的溶解度较小或高温时溶解度虽大但室温时溶解度较小,降温后容易析出晶体,不必蒸至液面出现晶膜就可以冷却。

4.结晶(重结晶)

（1）结晶是提纯固体物质的重要方法之一。通常有两种方法,一种是蒸发法,即通过蒸发或汽化,减少一部分溶剂使溶液达到饱和而析出晶体,此法主要用于溶解度随温度改变而变化不大的物质(如氯化钠)。另一种是冷却法,即通过降低温度使溶液冷却达到饱和而析出晶体,这种方法主要用于溶解度随温度下降而明显减小的物质(如硝酸钾)。有时需将两种方法结合使用。

晶体颗粒的大小与结晶条件有关,如果溶质的溶解度小,或溶液的浓度高,或溶剂的蒸发速度快或溶液冷却得快,析出的晶体就细小,反之,就可得到较大的晶体颗粒。实际操作中,常根据需要,控制适宜的结晶条件,以得到大小适宜的晶体颗粒。

当溶液发生过饱和现象时,可以振荡容器,用玻璃棒搅动或轻轻地摩擦器壁,或投入几小粒晶体(晶种),促使晶体析出。

（2）假如第一次得到的晶体纯度不合要求,可将所得晶体溶于少量溶剂中,然后进行蒸发(或冷却)、结晶、分离,如此反复的操作称为重结晶。有些物质的纯化需经过几次重结晶才能使产品合乎要求。由于每次的母液都含有一些溶质,所以收集起来,加以适当处理,以提高收率。

二、溶液与沉淀的分离方法

溶液与沉淀的分离方法有三种:倾析法、过滤法、离心分离法。

1.倾析法

当沉淀的相对密度较大或晶体的颗粒较大,静止后能很快沉淀至容器的底部时,常用倾析法进行分离和洗涤。倾析法操作如图 24-5 所示。这样,将沉淀上部的溶液倾入另一容器中而使沉淀与溶液分离。如需洗涤沉淀时,只要向盛沉淀的容器内加入少量洗涤液,将沉淀和洗涤液充分搅动均匀,待沉淀沉降到容器的底部后,再用倾析法倾去溶液。如此反复操作两三遍,即能将沉淀洗净。

图 24-5　倾析法

2.过滤法

见本实验"基本操作一、2."。

3.离心分离法

见附注一。

☞ 实验内容

粗食盐中,除含有泥沙等不溶性杂质外,还含有钙、镁、钾的卤化物和硫酸盐等可溶性杂质。不溶性杂质可以通过过滤法除去。可溶性杂质可采用化学法,加入某些化学试剂,使之转化为沉淀滤除。方法如下:

在粗食盐溶液中,加入稍过量的氯化钡溶液,则:

$$Ba^{2+} + SO_4^{2-} = BaSO_4 \downarrow$$

过滤除去硫酸钡沉淀,在滤液中,加入适量的氢氧化钠和碳酸钠溶液,使溶液中的 Ca^{2+}、Mg^{2+} 及过量的 Ba^{2+} 转化为沉淀:

$$Mg^{2+} + 2OH^- = Mg(OH)_2 \downarrow$$
$$Ca^{2+} + CO_3^{2-} = CaCO_3 \downarrow$$
$$Ba^{2+} + CO_3^{2-} = BaCO_3 \downarrow$$

产生的沉淀用过滤的方法除去,过量的氢氧化钠和碳酸钠可用纯盐酸中和除去。少量氯化钾等可溶性杂质因含量少,溶解度又较大,在蒸发、浓缩和结晶过程中,仍然留在母液中而与氯化钠分离。

一、实验步骤

1.在台秤上称取 5 g 粗食盐,放入小烧杯(100 mL)中,加入 40 mL 水,加热,搅动,使其溶解。在不断搅动下,往热溶液中滴加 1 mol·L⁻¹ 氯化钡溶液(约 1 mL),继续加热煮沸数分钟,使硫酸钡颗粒长大易于过滤。为了检验沉淀是否完全,待溶液煮沸数分钟后,将烧杯从石棉网上取下,沿烧杯壁在上层清液中滴加 2~3 滴氯化钡溶液,如果溶液无混浊,表明 SO_4^{2-} 已沉淀完全。如果发生混浊,则应继续往热溶液中滴加氯化钡溶液,直至 SO_4^{2-} 沉淀完全。趁热用倾析法过滤,保留滤液。

2.将滤液加热至沸,加入约 1 mL 2 mol·L⁻¹ 氢氧化钠溶液,并滴加 1 mol·L⁻¹ 碳酸钠溶液(约 1~2 mL)至沉淀完全为止(怎样检验?此步除去哪些离子?),过滤,弃去沉淀。

3.往滤液中滴加 2 mol·L⁻¹ 盐酸,加热,搅动,赶尽二氧化碳,用 pH 试纸检验溶液呈微酸性(pH 5~6)即可。

4.将溶液倒入蒸发皿中,用小火加热蒸发、浓缩溶液至稠粥状(切不可将溶液蒸发至干,为什么?),冷却后,减压过滤将产品抽干。

5.产品放入蒸发皿中用小火烘干。产品冷却至室温,称量,计算产率。

6.检验产品纯度,如不合乎要求,需将其溶解于极少量蒸馏水中,进行重结晶(如何操作?)。将提纯后的产品重新烘干,冷却,检验,直至合格。

*二、产品检验

1.氯化钠含量测定

称取 0.15 g 干燥恒重的样品,称准至 0.000 2 g,溶于 70 mL 水中,加 10 mL 0.4% 淀粉溶液,在摇动下,用 0.100 0 mol·L⁻¹ AgNO₃ 标准溶液避光滴定,近终点时,加 3 滴 0.5% 荧光素指示液,继续滴定至乳液呈粉红色。

氯化钠含量(x)按下式计算：

$$x = \dfrac{\dfrac{V}{1\,000} \times c \times 58.44}{G} \times 100\%$$

式中：V——硝酸银标准溶液的用量，mL；

     c——硝酸银标准溶液的物质的量浓度，$mol \cdot L^{-1}$；

     G——样品质量，g；

     58.44——NaCl 的摩尔质量，$g \cdot mol^{-1}$。

2.水溶液反应

称取 5 g 样品，称准至 0.01 g，溶于 50 mL 不含二氧化碳的水中，加 2 滴 1％酚酞指示液，溶液应无色，加 0.05 mL 0.1 $mol \cdot L^{-1}$ 氢氧化钠标准溶液，溶液应呈粉红色。

3.用比浊法检验样品中硫酸盐含量

称取 1 g（称准至 0.01 g）样品溶于 10 mL 水中，加 5 mL 95％乙醇、1 mL 3 $mol \cdot L^{-1}$ HCl，在不断振摇下滴加 3 mL 25％氯化钡溶液，稀释至 25 mL，摇匀，放置 10 分钟，所呈浊度不得大于标准（参见附注三）。

☞ 实验习题

1.在粗食盐提纯过程中涉及哪些基本操作？操作方法和注意事项是什么？

2.由粗食盐制取试剂级氯化钠的原理是什么？怎样检验其中的 Ca^{2+}、Mg^{2+}、SO_4^{2-} 离子是否沉淀完全？

附注：

一、离心分离

当被分离的沉淀量很少时，应采用离心分离法，操作简单而迅速。实验室常用的有手摇离心机和电动离心机（图 24-6、图 24-7）。操作时，把盛有混合液的离心管（或小试管）放入离心机的套管内，在这个套管的相对位置上的空套管内放一同样大小的试管，内装与混合物等体积的水，以保持转动平衡。然后缓慢而均匀地摇动离心机，再逐渐加速，1～2 分钟后，停止摇动，使离心机自然停下。在任何情况下起动离心机都不能用力太猛，也不能用外力强制停止，否则，会使离心机损坏且易发生危险。电动离心机的使用和注意事项与手摇离心机基本相同，由于其转速极快，更应注意安全。

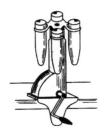
图 24-6 手摇离心机

图 24-7 电动离心机

图 24-8 用滴管吸出上层清液

由于离心作用,沉淀紧密地聚集于离心管的尖端,上方的溶液是澄清的。可用滴管小心地吸出上方清液(图 24-8),也可将其倾出。如果沉淀需要洗涤,可以加入少量的洗涤液,用玻璃棒充分搅动,再进行离心分离,如此重复操作三遍即可。

二、氯化氢法

由海盐制试剂级氯化钠还可以采用氯化氢法。做法是将除去泥砂、Ca^{2+}、Mg^{2+} 等后的饱和食盐溶液通入氯化氢气体,随着溶液中 Cl^- 离子浓度的增加,氯化钠晶体逐渐析出(氯化钠难溶于盐酸中),用减压过滤法将氯化钠晶体与溶液分离。

三、产品检验及标准

1.根据中华人民共和国国家标准(GB1266-77),化学试剂氯化钠的技术条件为:

(1)氯化钠含量不少于 99.8%;

(2)水溶液反应:合格;

(3)杂质最高含量见下表,以%计。

名称	优级纯	分析纯	化学纯
澄清度试验	合格	合格	合格
水不溶物	0.003	0.005	0.02
干燥失重	0.2	0.2	0.2
溴化物(Br^-)	0.02	0.02	0.1
碘化物(I^-)	0.002	0.002	0.012
硫酸盐(SO_4^{2-})	0.001	0.002	0.005
硝酸盐(NO_3^-)	0.002	0.002	0.005
氮化物(N)	0.0005	0.001	0.001
镁(Mg)	0.001	0.002	0.002
钾(K)	0.01	0.02	0.04
钙(Ca)	0.005	0.007	0.01
铁(Fe)	0.0001	0.0003	0.0005
砷(As)	0.0002	0.00005	0.0001
钡(Ba)	合格	合格	合格
重金属(以 Pb 计)	0.0005	0.0005	0.001

2.产品检验按 GB619-77 之规定进行取样和验收。测定中所需标准溶液、杂质标准溶液、制剂和制品按 GB601-77、GB602-77、GB603-77 之规定制备。

3.根据 GB602-77 硫酸盐标准溶液的配制方法:称取 0.148 g 于 105～110 ℃干燥至恒重的无水硫酸钠,溶于蒸馏水,移入 1 000 mL 容量瓶中,稀释至刻度。

四、0.1 mol·L^{-1} NaOH 标准溶液

1.配制

将氢氧化钠配成饱和溶液,注入塑料筒中密闭放置至溶液清亮,使用前以塑料管虹吸上层清液。量取 5 mL 氢氧化钠饱和溶液,注入 1 000 mL 不含二氧化碳的水中,摇匀。

2.标定

(1)测定方法

称取 0.6 g 于 105～110 ℃烘干至恒重的基准苯二甲酸氢钾(称准至 0.000 2 g),溶于 50 mL 不含二氧化碳的水中,加 2 滴 1%酚酞指示液,用 0.1 mol·L^{-1} NaOH 溶液滴定至溶液所呈粉红色与标准色相同。同时做空白试验。

注:标准色配制:量取 80 mL pH 8.5 缓冲溶液,加 2 滴 1‰酚酞指示液,摇匀。

(2)计算

NaOH 标准溶液浓度 c 按下式计算:

$$c = \frac{G}{\dfrac{(V_1 - V_2)}{1\,000} \times 204.2}$$

式中:G——苯二甲酸氢钾质量,g;

　　　V_1——氢氧化钠溶液用量,mL;

　　　V_2——空白试验氢氧化钠溶液用量,mL;

　　　204.2——$KHC_2H_4O_4$ 的摩尔质量,g·mol^{-1}。

注:不含二氧化碳的水的制法:将水注入平底烧瓶中,煮沸半小时,立即用装有碱石灰管的胶塞塞紧,放置冷却。

五、0.1 mol·L^{-1} AgNO$_3$ 标准溶液

1.配制

称取 17.5 g 硝酸银,溶于 1 000 mL 水中,摇匀。溶液保存于棕色瓶中。

2.标定

称取 0.2 g 于 500~600 ℃灼烧至恒重的基准氯化钠(称准至 0.000 2 g),溶于70 mL水中,加 10 mL 1%淀粉溶液,在摇动下用 0.1 mol·L^{-1} AgNO$_3$ 溶液避光滴定,近终点时,加 3 滴 0.5%荧光素指示剂,继续滴定至乳液呈粉红色。

AgNO$_3$ 标准溶液的浓度按下式计算:

$$c = \frac{G}{\dfrac{V}{1\,000} \times 58.44}$$

式中:G——氯化钠用量,g;

　　　V——硝酸银溶液用量,mL;

　　　58.44——NaCl 的摩尔质量,g·mol^{-1}。

注:0.5%荧光素指示液的配制:称取 0.50 g 荧光素(荧光黄或荧光红)溶于乙醇,用乙醇稀释至 100 mL。

实验 25　铝钾矾和铬钾矾晶体的制备

❋ **实验目的**
　　学习铝钾矾、铬钾矾晶体的制备方法,并了解类质同晶现象。

☞ 实验用品

仪器:温度计、搪瓷盘、保温杯、广口瓶、烧杯、研钵
固体药品:铝钾矾、铬钾矾、铝钾矾晶体、铬钾矾晶体
材料:图钉(或铜丝)、软木塞(配广口瓶)、丝线、木垫

☞ 实验内容

　　从溶液中要使盐的晶体析出,从原理上来说有两种方法。以图 25-1 的溶解度曲线和过溶解度曲线为例,BB' 为溶解度曲线,在曲线的下方为不饱和区域。若从处于不饱和区域的 A 点状态的溶液出发,要使晶体析出,一种方法是采取 $A \rightarrow B$ 的过程,即保持浓度一定,降低温度的冷却法;另一种方法是采取 $A \rightarrow B'$ 的过程,即保持温度一定,增加浓度的蒸发法。用这样的方法使溶液的状态进入到 BB' 线上方区域。一进到这个区域一般就有晶核的产生和成长。但有些物质,在一定条件下,虽处于这个区域,溶液中并不析出晶体,成为过饱和溶液。可是过饱和度是有界限的,一旦达到某种界限时,稍加振动就会有新的、较多的晶体析出(在图 25-1 中,C-C' 表示过饱和的界限,此曲线称为过溶解度曲线)。在 C-C' 和 B-B' 之间的区域为介稳定区域,在这个区域让晶体慢慢成长,而不使细小的晶体析出。

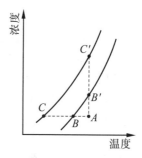

图 25-1　溶解度曲线

一、铝钾矾晶体的制备

1.晶体的培养

实验室预先准备好晶种。将配制的比室温高出 20～30 ℃的铝钾矾饱和溶液注入搪瓷盘里(水与铝钾矾的比例可为 100 g∶20 g),液高约 2～3 cm,放于僻静处自然冷却,经过 24 小时左右,在盘的底部有许多晶体析出。选择晶形完整的晶体作为晶种。

2.晶体的制备

称取 10 g 铝钾矾研细后放入烧杯中,加入 50 mL 蒸馏水,加热使其溶解,冷却到 45 ℃时,转移到广口瓶中。待广口瓶中溶液温度降到 40 ℃时,把预先用线系好的晶种吊入溶液中部位置。此时应仔细观察晶种是否有溶解现象,如果有溶解现象,应立即取出晶种,待溶液温度进

一步降低,晶种不发生溶解时,再将晶种重新吊入溶液中。与此同时,在保温杯中加入比溶液温度高 1～3 ℃的热水,而后把已吊好晶种的广口瓶放入保温杯中,盖好盖子(图 25-2),静置到次日,观察在晶种上成长起来的大晶体的形状。

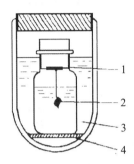

1.图钉;2.晶种;3.热水;4.木垫

图 25-2　保温杯冷却装置

二、铬钾矾晶体的制备

1.晶种的培养

水与铬钾矾比例为 100g∶60g。其余操作同上述铝钾矾晶种的培养。

2.晶体的制备

称取 30 g 铬钾矾,研细后,加入 50 mL 水,其余操作同铝钾矾晶体的制备。

三、铝钾矾与铬钾矾混合晶体的制备

铝钾矾$[K_2SO_4 \cdot Al_2(SO_4)_3 \cdot 24H_2O]$与铬钾矾$[K_2SO_4 \cdot Cr_2(SO_4)_3 \cdot 24H_2O]$是类质同晶体(皆为八面体晶体),制备混合晶体的方法与制备单独晶体相同。用铝钾矾晶体作晶种,吊在高温时的铬钾矾饱和溶液中,则在铝钾矾晶体各个晶面上均匀地成长出铬钾矾的晶种,即在透明的铝钾矾晶体外面长上深紫色的铬钾矾晶体。反之,用铬钾矾作晶种,吊在铝钾矾高温时的饱和溶液中,则在铬钾矾晶体各个晶面上均匀地成长出铝钾矾的晶体,即在深紫色晶体外面长出透明的晶体。

☞ 实验习题

1.在怎样的条件下可得铝(铬)钾矾的大晶体?
2.如何检验新制成的溶液就是某温度下的饱和溶液?
3.画出铝(铬)钾矾晶体结构。

附注:

培养晶种的另一方法是,将比室温高出 20 ℃的饱和溶液盛放在烧杯里,再将几段线横悬于溶液的中央,待有晶体在线上析出时,选择其中晶形完整的晶体作为晶种保留在线上,而将线上其余的晶体去掉。把生长有晶种的线垂直挂于饱和溶液中,这样可以避免由于条件不适,使晶种部分溶解而从悬线上脱落的现象发生。

实验 26　碱式碳酸铜的制备

※**实验目的**

　　通过碱式碳酸铜制备条件的探求和对生成颜色、状态等的分析,研究反应物的合理比例并确定制备反应的浓度和温度条件,从而培养独立设计实验的能力。

　　碱式碳酸铜($Cu_2(OH)_2CO_3$)系暗绿色晶体,加热到 200 ℃分解。难溶于冷水,在沸水中易分解。

☞ 预习与思考

　　1.写出硫酸铜与碳酸钠溶液的反应方程式,分析在不同浓度、温度条件下进行反应的可能生成物。

　　2.欲制得碱式碳酸铜,估计反应的合适比例和该比例时的合适温度。

☞ 实验用品

　　学生自行列出仪器、药品、材料清单。

☞ 实验内容

一、反应物溶液配制

配制 $0.5\ mol \cdot L^{-1}$硫酸铜和 $0.5\ mol \cdot L^{-1}$碳酸钠溶液各 100 mL。

二、制备实验反应条件的探求

1.硫酸铜与碳酸钠溶液的合适比例

　　分别取 $0.5\ mol \cdot L^{-1}$硫酸铜溶液 2.0 mL 置于四支试管内,再分别取 $0.5\ mol \cdot L^{-1}$碳酸钠溶液 1.6 mL、2.0 mL、2.6 mL、3.8 mL 于另外四支试管中,将八支试管均放在 75 ℃水浴中。几分钟后,依次将硫酸铜溶液分别倒入碳酸钠溶液中,振荡试管,观察各试管中生成沉淀的现象。思考后说明以何种比例相混合,碱式碳酸铜生成速度较快,含量高。

思考题:

　　1.各试管中生成物的颜色有何区别? 反应中生成的褐色物质是什么? 为什么会生成这种物质?

2.将碳酸钠溶液倒入硫酸铜溶液中沉淀颜色是否将与硫酸铜溶液倒入碳酸钠溶液中沉淀颜色相同？为什么？

2.反应温度的探求

在 3 支试管中，各加入 0.5 mol·L^{-1} 硫酸铜溶液 2.0 mL，再各加 0.5 mol·L^{-1} 碳酸钠溶液若干毫升（由"实验二、1."得到的合适比例确定 0.5 mol·L^{-1} 碳酸钠溶液的毫升数）于另外 3 支试管中。实验温度分别为室温、75 ℃、100 ℃。每次从两列溶液中各取一管将硫酸铜溶液倒入碳酸钠溶液中并振荡。观察现象，由实验结果确定合成反应的合适温度。

思考题：

反应温度过高或过低对本实验有何影响？

三、碱式碳酸铜制备

取 60 mL 0.5 mol·L^{-1} 硫酸铜溶液，根据上述探求得到的合适比例与适宜温度制备碱式碳酸铜（$Cu_2(OH)_2CO_3$）。待生成物沉淀完全后，用蒸馏水洗涤沉淀物数次，直到沉淀中不含离子为止，吸干。

将所得产品在烘箱中烘干，控制温度在 100 ℃，称量，计算产率。

☞ 实验习题

1.本实验中探求得到的实验条件与你在实验前估计的是否一致？这一研究性实验对你有何启发？

2.请你设计一个较简单的实验，来测定碱式碳酸铜中铜的百分含量，从而分析你所得的碱式碳酸铜的质量。

实验 27　甲酸铜的制备

❊**实验目的**

　　1.了解制备某些金属有机酸盐的原理和方法。

　　2.继续巩固固液分离、沉淀洗涤、蒸发、结晶等基本操作。

☞ 预习与思考

　　1.预习有关甲酸、碳酸盐和碱式碳酸盐的性质,以及碳酸盐、碱式碳酸盐的形成条件。

　　2.制备甲酸铜(Ⅱ)时,为什么不以 CuO 为原料而用碱式碳酸铜 $Cu(OH)_2 \cdot CuCO_3$ 为原料?

☞ 实验原理

　　某些金属的有机酸盐,例如,甲酸镁、甲酸铜、醋酸钴、醋酸锌等,可用相应的碳酸盐或碱式碳酸盐或氧化物与甲酸或醋酸作用来制备。这些低碳的金属有机酸盐分解温度低,而且容易得到很纯的金属氧化物。制备具有超导性能的钇钡铜($YBa_2Cu_3O_x$)化合物的其中一种方法,就是由甲酸与一定配比的 $BaCO_3$、Y_2O_3 和 $Cu(OH)_2 \cdot CuCO_3$ 混合物作用,生成甲酸盐共晶体,经热分解得到混合的氧化物微粉,再压成片在氧气氛围下高温烧结,冷却吸氧和相变氧迁移有序化后制得。

　　本实验用硫酸铜和碳酸氢钠作用制备碱式碳酸铜:

$$2CuSO_4 + 4NaHCO_3 = Cu(OH)_2 \cdot CuCO_3 \downarrow + 3CO_2 \uparrow + 2Na_2SO_4 + H_2O$$

然后再与甲酸反应制得蓝色四水甲酸铜:

$$Cu(OH)_2 \cdot CuCO_3 + 4HCOOH + 5H_2O = 2Cu(HCOO)_2 \cdot 4H_2O + CO_2 \uparrow$$

而无水的甲酸铜为白色。

☞ 实验用品

　　仪器:托盘天平、研钵、温度计

　　药品:$CuSO_4 \cdot 5H_2O$、$NaHCO_3(s)$、$HCOOH(\rho_{HCOOH} = 1.22\ g \cdot mL^{-1})$

☞ 实验内容

一、碱式碳酸铜的制备

称取 12.5 g $CuSO_4 \cdot 5H_2O$ 和 9.5 g $NaHCO_3$ 于研钵中，磨细，混合均匀。在快速搅拌下将混合物分多次少量缓慢加入到 100 mL 近沸的蒸馏水中（此时停止加热）。混合物加完后，再加热近沸数分钟。静置澄清后，用倾析法洗涤沉淀至溶液无 SO_4^{2-}。抽滤至干，称重。

二、甲酸铜的制备

将前面制得的产品放入烧杯内，加入约 20 mL 蒸馏水，加热搅拌至 50 ℃左右，逐滴加入适量甲酸至沉淀完全溶解（所需甲酸量自行计算），过滤。滤液在通风橱下蒸发至原体积的 1/3 左右，冷至室温至晶体析出，减压过滤，用少量乙醇洗涤晶体 2 次，抽滤至干，得 $Cu(HCOO)_2 \cdot 4H_2O$ 产品，称重，计算产率。

☞ 实验习题

1. 在制备碱式碳酸铜过程中，如果温度太高对产物有何影响？
2. 固液分离时，什么情况下用倾析法，什么情况下用常压过滤或减压过滤？

实验 28　三草酸合铁(Ⅲ)酸钾的制备和性质

❋**实验目的**

1.了解三草酸合铁(Ⅲ)酸钾的制备方法和性质;

2.理解制备过程中化学平衡原理的应用;

3.掌握水溶液中制备无机物的一般方法;

4.练习溶解、沉淀和沉淀洗涤、过滤(常压、减压)、浓缩、蒸发结晶等基本操作。

本制备实验是由铁(Ⅱ)盐为起始原料,通过氧化还原、沉淀、酸碱中和、配位反应多步转化,最后制得三草酸合铁(Ⅲ)酸钾 $K_3[Fe(C_2O_4)_3] \cdot 3H_2O$ 配合物。主要反应式为:

$$Fe(OH)_3 + 3KHC_2O_4 = K_3[Fe(C_2O_4)_3] \cdot 3H_2O$$

三草酸合铁(Ⅲ)酸钾为翠绿色单斜晶系晶体,易溶于水(0 ℃时,4.7 g/100 g 水;100 ℃,117.7 g/100 g 水),难溶于有机溶剂。极易感光,室温光照变黄色,进行下列光化反应:

$$2[Fe(C_2O_4)_3]^{3-} \xrightarrow{h\nu} 2FeC_2O_4 + 3C_2O_4^{2-} + 2CO_2 \uparrow$$

它在日光下直射或强光下分解成的草酸亚铁,遇六氰合铁(Ⅲ)酸钾生成腾氏蓝,反应为:

$$3FeC_2O_4 + 2K_3[Fe(CN)_6] = Fe_3[Fe(CN)_6]_2 + 3K_2C_2O_4$$

因此,在实验室中可做成感光纸,进行感光实验。另外由于它有光化学活性,能定量进行光化学反应,常用作化学光量计。

三草酸合铁(Ⅲ)配离子是较稳定的,$K_稳 = 1.58 \times 10^{20}$。

☞ 实验用品

仪器:烧杯、量筒、漏斗、抽滤瓶、布氏漏斗、蒸发皿、试管、表面皿

固体药品:摩尔盐(六水合硫酸亚铁铵)、氢氧化钾、草酸、氯化亚铁、七水合硫酸亚铁

液体药品:H_2O_2(30%)、氨水(6 mol·L^{-1})、NH_4SCN(0.1 mol·L^{-1})、$BaCl_2$(1 mol·L^{-1})

材料:定量滤纸、玻璃棒

☞ 实验内容

一、三草酸合铁(Ⅲ)酸钾的制备

称 2.5 g 摩尔盐(或 1.5 g 氯化亚铁或硫酸亚铁)放入 250 mL 烧杯中,加入 50 mL 水,加热溶解。加入 2.5 mL 30%过氧化氢,搅拌,微热,溶液变为棕红色并有少量棕色沉淀生成(何物? 何故?)。往此烧杯中再加入 6 mol·L^{-1}氨水(按计算量过量 50%)至溶液中,使氢氧化铁

沉淀完全,直接加热,不断搅拌,煮沸后静止,倾去上层清液。在留下的沉淀中加入 50 mL 水,进行同样操作洗涤沉淀,然后进行抽滤。再用 25 mL 热水洗沉淀,抽干,得氢氧化铁沉淀。

思考题:

1.为什么在此制备中用过氧化氢作氧化剂,用氨水作沉淀剂? 能否用其他氧化剂或沉淀剂,为什么?

2.为什么制氢氧化铁时必须洗涤多次? 如不洗涤对产品有何影响?

称取 1 g 氢氧化钾和 2 g 草酸溶解在 50 mL 水中,加热使其完全溶解后,在搅动下,将氢氧化铁沉淀加入此溶液中。加热,使氢氧化铁溶解。过滤,除去不溶物,将滤液收集在蒸发皿中,在水浴上浓缩至 20 mL,转移至 50 mL 小烧杯中,用冷水冷却,待析出翠绿色晶体(若将浓缩液放至第二天,则能析出较大的漂亮绿色单斜晶体)后,抽滤,将晶体用 95% 乙醇洗,用滤纸吸干,称量。

思考题:

1.为什么在此制备中要经过转化为氢氧化铁的步骤? 能否不经转化为氢氧化铁这一步,直接转化?

2.此制备需避光、干燥,所得成品也要放在暗处。如何证明你所得的产品不是单盐而是配合物? 设法用实验证明。

*二、性质

1.将少许产品放在表面皿上,在日光下观察晶体颜色变化,与放在暗处的晶体比较。

2.制感光纸:按三草酸合铁(Ⅲ)酸钾 0.3 g、铁氰化钾 0.4 g 加水 5 mL 的比例配成溶液,涂在纸上即成感光纸(黄色)。附上图案,在日光直照下(数秒钟)或红外灯光下,曝光部分呈深蓝色,被遮盖没有曝光的部分即显影映出图案来。

3.配感光液:取 0.3～0.5 g 三草酸合铁(Ⅲ)酸钾加水 5 mL 配成溶液,用滤纸条做成感光纸。同上操作,曝光后去掉图案,用约 3.5% 六氰合铁(Ⅲ)酸钾溶液湿润或漂洗即显影映出图案来。

☞ 实验习题

1.写出各步实验现象和反应方程式,并根据摩尔盐的量计算理论产量和产率。

2.现有硫酸铁、氯化钡、草酸钠、草酸钾四种物质,以它们为原料,如何制备三草酸合铁(Ⅲ)酸钾? 试设计方案并写出各步反应方程式。

附注:

1.若浓缩的绿色溶液带褐色,是由于含有氢氧化铁沉淀,应趁热过滤除去。

2.三草酸合铁(Ⅲ)酸钾见光变黄色后为草酸亚铁或碱式草酸铁的混合物。

实验 29　无机颜料的制备

❋**实验目的**

　　1.了解用亚铁盐制备氧化铁黄的原理和方法。

　　2.熟练掌握恒温水浴加热方法,以及溶液 pH 值的调节、沉淀的洗涤、结晶的干燥和减压过滤等基本操作。

☞ 实验原理

　　氧化铁黄又称羟基铁(简称铁黄),化学分子式为 $Fe_2O_3 \cdot H_2O$ 或 $FeO(OH)$,呈黄色粉末状,色泽为带有鲜明而纯洁的赭黄色,是化学性质比较稳定的碱性氧化物。不溶于碱,微溶于酸,在热浓盐酸中可完全溶解。热稳定性差,加热至 $150\sim200$ ℃时开始脱水,当温度升至 $270\sim300$ ℃迅速脱水并变为铁红(Fe_2O_3)。

　　铁黄无毒,具有良好的原料性能,耐候性好,在涂料中使用遮盖力强,故应用广泛。常用于墙面粉饰、马赛克地面、水泥制品、油墨、橡胶以及造纸等的着色剂。此外,铁黄还可以作为生产铁红、铁黑、铁棕以及铁绿的原料。医药上做药片的糖衣着色,并应用在化妆品、绘图等领域中。

　　本实验制取铁黄采用湿法亚铁盐氧化法。除空气参加氧化外,用氯酸钾($KClO_3$)作为主要的氧化剂,可以大大加速反应的进程[①]。制备过程分为以下两步。

一、晶种的形成

　　铁黄是晶体结构。要得到它的晶体,必须先形成晶核,晶核长大成为晶种。晶种生成过程的条件决定着铁黄的颜色和质量,所以制备晶种是关键的一步。形成铁黄晶种的过程大致分为两步:

1.生成氢氧化亚铁胶体

　　在一定温度下,向硫酸亚铁铵[②](或硫酸亚铁)溶液中加入碱液(主要是氢氧化钠,用氨水也可),立即有胶状氢氧化亚铁生成,反应如下:

$$FeSO_4 + 2NaOH \longrightarrow Fe(OH)_2 \downarrow + Na_2SO_4$$

　　由于氢氧化亚铁溶解度非常小,晶核生成的速度相当迅速。为使晶种粒子细小而均匀,反应要在充分搅拌下进行,溶液中要留有硫酸亚铁晶体。

2.FeO(OH)晶核的形成

　　要生成铁黄晶种,需将氢氧化亚铁进一步氧化,反应如下:

---

① 若仅用空气作为氧化剂,全部反应过程长达 20 小时左右。

② 此实验如采用 $(NH_4)_2Fe(SO_4)_2 \cdot 6H_2O$ 为原料,可作为 $(NH_4)_2Fe(SO_4)_2 \cdot 6H_2O$ 制备的系列实验。如实验室无 $(NH_4)_2Fe(SO_4)_2 \cdot 6H_2O$,也可用 $FeSO_4 \cdot 6H_2O$ 作为原料。

$$4Fe(OH)_2 + O_2 \longrightarrow 4FeO(OH)\downarrow + 2H_2O$$

由于氢氧化亚铁（Ⅱ）氧化成铁（Ⅲ）是一个复杂的过程，所以反应温度和 pH 值必须严格控制在规定范围内。此步温度控制在 20～25 ℃，调节溶液 pH 值保持 4～4.5。如果溶液 pH 值接近中性或略偏碱性，可得到由棕黄到棕黑，甚至黑色的一系列过渡色。pH＞9 则形成红棕色的铁红晶种。若 pH＞10 则又产生一系列过渡色相的铁氧化物，失去作为晶种的作用。

二、铁黄的制备（氧化阶段）

氧化阶段的氧化剂主要为 $KClO_3$。另外，空气中的氧也参加氧化反应。氧化时必须升温，温度保持在 80～85 ℃，控制溶液的 pH 值为 4～4.5。氧化过程的化学反应如下：

$$4FeSO_4 + O_2 + 6H_2O \longrightarrow 4FeO(OH)\downarrow + 4H_2SO_4$$
$$6FeSO_4 + KClO_3 + 9H_2O \longrightarrow 6FeO(OH)\downarrow + 6H_2SO_4 + KCl$$

氧化反应过程中，沉淀的颜色由灰绿色→墨绿→红棕→淡黄（或赭黄）。

☞ 实验内容

称取 $(NH_4)_2Fe(SO_4)_2 \cdot 6H_2O$ 10.0 g，在 100 mL 烧杯中加水 13 mL，在恒温水浴中加热至 20～25 ℃搅拌溶解（有部分晶体不溶）。检验此时溶液的 pH 值。慢慢滴加 2 mol·L^{-1} NaOH，边加边搅拌至溶液 pH 值为 4～4.5，停止加碱。观察过程中沉淀颜色的变化。

取 0.3 g $KClO_3$ 倒入上述溶液中，搅拌后检验溶液的 pH 值。将恒温水浴温度升到 80～85 ℃进行氧化反应。不断滴加 2 mol·L^{-1} NaOH，随着氧化反应的进行，溶液的 pH 值不断降低，至 pH 值为 4～4.5 时停止加碱。整个氧化反应约需加 10 mL 2 mol·L^{-1} NaOH 溶液。接近此碱液体积时，每加 1 滴碱液后即检查溶液 pH 值。因可溶盐难以洗净，故对最后生成的淡黄色颜料用 60 ℃左右的自来水倾斜法洗涤颜料，至溶液中基本上无 SO_4^{2-} 为止（以自来水做空白实验）。减压过滤得黄色颜料滤饼，弃去母液。将黄色颜料滤饼转入蒸发皿中，在水浴加热下进行烘干，干后称重并计算产率。

思考题：

1.铁黄制备过程中，随着氧化反应进行，为何不断滴加碱液溶液的 pH 值还逐渐降低？

2.在洗涤黄色颜料过程中如何检验溶液中基本无 SO_4^{2-}，目视观察到什么程度算合格？

3.如何从铁黄制备铁红、铁绿、铁棕和铁黑？

实验 30　醋酸铬(Ⅱ)水合物的制备
——易被氧化的化合物的制备

❈**实验目的**

　　学习在无氧条件下制备易被氧化的不稳定化合物的原理和方法,巩固沉淀的洗涤、过滤等基本操作。

☞ 实验原理

　　通常二价铬的化合物非常不稳定,它们能迅速被空气中的氧氧化为三价铬的化合物。只有铬(Ⅱ)的卤素化合物、磷酸盐、碳酸盐和醋酸盐可存在于干燥状态下。

　　醋酸铬(Ⅱ)是淡红棕色结晶性物质,不溶于水,但易溶于盐酸。这种溶液亦与其他所有铬酸盐相似,能吸收空气中的氧气。

　　含有三价铬的化合物通常是绿色或紫色,且都溶于水。紫色氯化铬不溶于酸,但迅速溶于含有微量二氯化铬的水中。

　　醋酸铬(Ⅲ)为灰色粉末状或蓝绿色的糊状晶体,溶于水,不溶于醇。

　　制备容易被氧气氧化的化合物不能在大气气氛下进行,常用 N_2 或惰性气体如 Ar 作保护性气氛,有时也在还原性气氛下合成。

　　本实验在封闭体系中利用金属锌作还原剂,将三价铬还原为二价,再与醋酸钠溶液作用制得醋酸铬(Ⅱ)。反应体系中产生的氢气除了增大体系压强使 Cr(Ⅱ)溶液进入 NaAc 溶液中外,还起到隔绝空气使体系保持还原性气氛的作用。

　　制备反应的离子方程式如下:

$$2Cr^{3+} + Zn = 2Cr^{2+} + Zn^{2+}$$

$$2Cr^{2+} + 4CH_3COO^- + 2H_2O = [Cr(CH_3COO)_2]_2 \cdot 2H_2O$$

☞ 实验用品

　　仪器:吸滤瓶(50 mL)、两孔橡皮塞、滴液漏斗(50 mL)、锥形瓶(150 mL)、烧杯(100 mL)、布氏漏斗(或砂滤漏斗)、台秤、量筒

　　液体药品:浓盐酸、乙醇(分析纯)、乙醚(分析纯)、去氧水(已煮沸过的蒸馏水)

　　固体药品:六水合三氯化铬、锌粒、无水醋酸钠

　　材料:玻璃棒、螺旋夹

☞ 实验内容

仪器装置如图 30-1 所示：

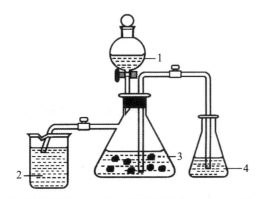

1.滴液漏斗(内装浓盐酸)；2.水封；3.吸滤瓶(内装 Zn 粒、CrCl₃ 和去氧水)；

4.锥形瓶(内装醋酸钠水溶液)

图 30-1　制备醋酸铬(Ⅱ)装置图

称取 5 g 无水醋酸钠于锥形瓶中，用 12 mL 去氧水配成溶液。在吸滤瓶中放入 8 g 锌粒和 5 g 三氯化铬，加入 6 mL 去氧水，摇动吸滤瓶，得到深绿色混合物。夹住通往醋酸钠溶液的橡皮管，用滴液漏斗缓慢加入浓盐酸 10 mL，并不断摇动吸滤瓶，溶液逐渐变为蓝绿色到亮蓝色。当氢气仍然较快放出时，松开右边橡皮管，夹住图左边橡皮塞管，以迫使二氯化铬溶液进入盛有醋酸钠溶液的锥形瓶中。搅拌，形成红色醋酸亚铬沉淀。用铺有双层滤纸的布氏漏斗或砂芯漏斗过滤沉淀，并用 15 mL 去氧水洗涤数次，然后用少量乙醇、乙醚各洗涤 3 次。将产物薄薄铺在表面皿上，在室温下干燥。称量，计算产率。保存产品。

思考题：

1.为何要用封闭的装置来制备醋酸铬(Ⅱ)？

2.反应物锌要过量，为什么？产物为什么用乙醇、乙醚洗涤？

3.根据醋酸铬(Ⅱ)的性质，该化合物应如何保存？

☞ 注意事项

1.反应物锌应当过量，浓盐酸适量。

2.滴酸的速度不宜太快，反应时间要足够长(约 1 h)。

3.产品必须洗涤干净。

4.产品在惰性气氛中密封保存。严格密封保存的醋酸铬(Ⅱ)样品可始终保持砖红色。然而，若空气进入，它就逐渐变成灰绿色，这是被氧化物质的特征颜色。纯的醋酸铬(Ⅱ)是反磁性的，因为在二聚分子中铬原子之间有着电子—电子相互作用，所以样品有一点顺磁性则表示不纯了。

☞ 参考书

〔美〕乔利 W L 著,李彬,肖良质等译.无机化合物的合成与鉴定.北京:高等教育出版社,1986

实验 31　一种钴(Ⅲ)配合物的制备

❉ 实验目的

　　掌握制备金属配合物最常用的方法——水溶液中的取代反应和氧化还原反应,了解其基本原理和方法。对配合物组成进行初步推断。学习使用电导仪。

☞ 实验原理

　　运用水溶液中的取代反应来制取金属配合物,是在水溶液的一种金属盐和一种配体之间的反应,实际上是用适当的配体来取代水合配离子中的水分子。氧化还原反应是将不同氧化态的金属化合物,在配体存在下使其适当地氧化或还原以制得该金属配合物。

　　Co(Ⅱ)的配合物能很快地进行取代反应(是活性的),而 Co(Ⅲ)配合物的取代反应则很慢(是惰性的)。Co(Ⅲ)的配合物制备过程一般是,通过 Co(Ⅱ)(实际上是它的水合配合物)和配体之间的一种快速反应生成 Co(Ⅱ)的配合物,然后使它被氧化成相应的 Co(Ⅲ)配合物(配位数均为 6)。

　　常见的 Co(Ⅲ)配合物有:$[Co(NH_3)_6]^{3+}$(黄色)、$[Co(NH_3)_5H_2O]^{3+}$(粉红色)、$[Co(NH_3)_5Cl]^{2+}$(紫红色)、$[Co(NH_3)_4CO_3]^+$(紫红色)、$[Co(NH_3)_3(NO_2)_3]$(黄色)、$[Co(CN)_6]^{3-}$(紫色)、$[Co(NO_2)_6]^{3-}$(黄色)等。

　　用化学分析方法确定某配合物的组成,通常先确定配合物的外界,然后将配离子破坏再来看其内界。配离子的稳定性受很多因素影响,通常可用加热或改变溶液酸性来破坏它。本实验是初步推断,一般用定性、半定量甚至估量的分析方法。推定配合物的化学式后,可用电导仪来测定一定浓度配合物溶液的电导性,与已知电解质溶液的导电性进行对比,可确定该配合物化学式中含有几个离子,进一步确定该化学式。

　　游离的 Co^{2+} 离子在酸性溶液中可与硫氰化钾作用生成蓝色配合物$[Co(NCS)_4]^{2-}$。因其在水中离解度大,故常加入硫氰化钾浓溶液或固体,并加入戊醇和乙醚以提高稳定性,由此可用来鉴定 Co^{2+} 离子的存在。其反应如下:

$$Co^{2+} + 4SCN^- = [Co(NCS)_4]^{2-}$$
$$(蓝色)$$

　　游离的 NH_4^+ 离子可用奈氏试剂来检验,其反应如下:

$$NH_4^+ + 2[HgI_4]^{2-} + 4OH^- = 7I^- + 3H_2O + [O{\underset{Hg}{\overset{Hg}{\big\langle}}}NH_2]I \downarrow$$

☞ 实验用品

仪器:烧杯、锥形瓶、研钵、台秤、量筒、漏斗(ϕ＝6 cm)、铁架台、酒精灯、试管(15 mL)、滴管、药勺、试管夹、漏斗架、普通温度计、电导率仪等

固体药品:氯化铵、氯化钴、硫氰化钾

液体药品:浓氨水、硝酸(浓)、盐酸(6 mol·L^{-1}、浓)、H$_2$O$_2$(30％)、AgNO$_3$(2 mol·L^{-1})、SnCl$_2$(0.5 mol·L^{-1},新配)、奈氏试剂、乙醚、戊醇等

材料:pH 试纸、滤纸

☞ 基本操作

1.试剂的取用;

2.水浴加热;

3.试样的过滤、洗涤、干燥;

4.电导率仪的使用。

☞ 实验内容

一、制备 Co(Ⅲ)配合物

在锥形瓶中将 1.0 g 氯化铵溶于 6 mL 浓氨水中,待完全溶解后手持锥形瓶瓶颈不断振摇,使溶液均匀。将 2.0 g 氯化钴粉末分数次加入,边加边摇动,加完后继续摇动,溶液成棕色稀浆。再往其中滴加 2～3 mL 30％ H$_2$O$_2$,边加边摇动,加完后再摇动。当固体完全溶解,溶液中停止起泡时,慢慢加入 6 mL 浓盐酸,边加边摇动,并在水浴上微热,温度不要超过 85 ℃,边加边加热 10～15 min,然后在室温下边摇动边冷却混合物,待完全冷却后过滤出沉淀。用 5 mL 冷水分数次洗涤沉淀,接着用 5 mL 冷的 6 mol·L^{-1}盐酸洗涤,产物在 105 ℃ 左右烘干并称量。

思考题:

1.将氯化钴加入氯化铵与浓氨水的混合液中,可发生什么反应,生成何种配合物?

2.上述实验中加过氧化氢起何作用? 如不用过氧化氢还可以用哪些物质,用这些物质有什么不好? 上述实验中加浓盐酸的作用是什么?

二、配合物组成的初步推断

(1)用小烧杯取 0.3 g 所制得的产物,加入 35 mL 蒸馏水,混匀后用 pH 试纸检验其酸碱性。

(2)用烧杯取 15 mL 上述实验(1)中所得混合液,慢慢滴加 2 mol·L^{-1} AgNO$_3$ 溶液并搅动,直至加一滴 AgNO$_3$ 溶液后上部清液没有沉淀生成。然后过滤,往滤液中加 1～2 mL 浓硝酸并搅动,再往溶液中滴加 AgNO$_3$ 溶液,看有无沉淀,若有,比较一下与前面沉淀的量的多少。

(3)取 2~3 mL 实验(1)中所得的混合液于试管中,加几滴 0.5 mol·L^{-1} SnCl$_2$ 溶液(为什么?),振荡后加入一粒绿豆大小的硫氰化钾固体,振摇后再加入 1 mL 戊醇、1 mL 乙醚,振荡后观察上层溶液中的颜色(为什么?)。

(4)取 2 mL 实验(1)中所得的混合液于试管中,加入少量蒸馏水,得清亮溶液后,加 2 滴奈氏试剂并观察颜色变化。

(5)将实验(1)中剩下的混合液加热,观察溶液变化,直至其完全变成棕黑色后停止加热,冷却后用 pH 试纸检验溶液的酸碱性,然后过滤(必要时用双层滤纸)。取所得清液,分别做一次(3)、(4)实验,观察现象与原来有什么不同。

思考题:

通过这些实验你能推断此配合物的组成吗?能写出其化学式吗?

(6)由上述自己初步推断的化学式配制 100 mL 0.01 mol·L^{-1} 该配合物的溶液,用电导仪测量其电导率,然后稀释 10 倍后再测其电导率并与下表对比,确定其化学式中所含的离子数。

电解质	类型(离子数)	电导率/S	
		0.01 mol·L^{-1}	0.001 mol·L^{-1}
KCl	1-1 型(2)	1 230	133
BaCl$_2$	1-2 型(3)	2 150	250
K$_3$[Fe(CN)$_6$]	1-3 型(4)	3 400	420

电导率的 SI 制单位为西门子,符号为 S(1 S=1 Ω^{-1})。

☞ 实验习题

1.要使本实验制备的产品的产率高,你认为哪些步骤是比较关键的?为什么?

2.试总结制备 Co(Ⅲ)配合物的化学原理及制备的几个步骤。

3.有五个不同的配合物,分析组成后确定它们有共同的实验式:K$_2$CoCl$_2$I$_2$(NH$_3$)$_2$;电导测定得知在水溶液中五个化合物的电导率数值均与硫酸钠相近。请写出五个不同配离子的结构式,并说明不同配离子间有何不同。

附注:

对于溶解度很小或与水反应的离子化合物用电导仪测定电导率时,可改用有机溶剂如硝基苯或乙腈来测定,可获得同样的结果。

实验 32　高锰酸钾的制备

※ **实验目的**

　　学习碱熔法由二氧化锰制备高锰酸钾的基本原理和操作方法；熟悉熔融、浸取操作方法，巩固过滤、结晶和重结晶等基本操作；掌握锰的各种氧化态之间的相互转化关系。

　　软锰矿的主要成分是二氧化锰。二氧化锰在较强氧化剂（如氯酸钾）存在下与碱共熔时，可被氧化成为锰酸钾：

$$3MnO_2 + KClO_3 + 6KOH(熔融) = 3K_2MnO_4 + KCl + 3H_2O$$

　　熔块由水浸取后，随着溶液碱性降低，水溶液中的 MnO_4^{2-} 不稳定，发生歧化反应。一般在弱碱性或近中性介质中，歧化反应趋势较小，反应速率也较慢。但在弱酸性介质中，MnO_4^{2-} 易发生歧化反应，生成 MnO_4^- 和 MnO_2。如向含有锰酸钾的溶液中通 CO_2 气体，可发生如下反应：

$$3K_2MnO_4 + 2CO_2 = 2KMnO_4 + MnO_2 \downarrow + 2K_2CO_3$$

　　经减压过滤除去二氧化锰后，将溶液浓缩即可析出暗紫色的针状高锰酸钾晶体。

☞ 实验用品

仪器：铁坩埚、启普发生器、坩埚钳、泥三角、布氏漏斗、烘箱、蒸发皿、烧杯（250 mL）、表面皿
固体药品：二氧化锰、氢氧化钾、氯酸钾、碳酸钙、亚硫酸钠
液体药品：工业盐酸
材料：8 号铁丝

☞ 基本操作

1.启普发生器的安装和调试；
2.固体的溶解、过滤和结晶。

☞ 实验内容

一、二氧化锰的熔融氧化

　　称取 2.5 g 氯酸钾固体和 5.2 g 氢氧化钾固体，放入铁坩埚中，用铁棒将物料混合均匀。将铁坩埚放在泥三角上，用坩埚钳夹紧，小火加热，边加热边用铁棒搅拌，待混合物熔融后，将

3 g 二氧化锰固体分多次,小心加入铁坩埚中,防止火星外溅。随着熔融物的粘度增大,用力加快搅拌以防结块或粘在坩埚上。待反应物干涸后,提高温度,强热 5 min,得到墨绿色的锰酸钾熔融物,用铁棒尽量捣碎。

思考题:

1.为什么制备锰酸钾时要用铁坩埚而不用瓷坩埚?

2.实验时,为什么使用铁棒而不使用玻璃棒搅拌?

二、浸取

待盛有熔融物的铁坩埚冷却后,用铁棒尽量将熔块捣碎,并将其倒放于盛有 100 mL 蒸馏水的 250 mL 烧杯中以小火共煮,直到熔融物全部溶解为止,小心地用坩埚钳取出坩埚。

三、锰酸钾的歧化

趁热向浸取液中通二氧化碳气体至锰酸全部歧化为止(可用玻璃棒蘸取溶液于滤纸上,如果滤纸上只有紫红色而无绿色痕迹,即表示锰酸钾已歧化完全,pH 在 10～11 之间),然后静止片刻,抽滤。

思考题:

该操作步骤中,要使用玻璃棒搅拌溶液,而不用铁棒,为什么?

四、滤液的蒸发、结晶

将滤液倒入蒸发皿中,蒸发浓缩至表面开始析出 $KMnO_4$ 晶膜为止,自然冷却晶体,然后抽滤,将高锰酸钾晶体抽干。

五、高锰酸钾晶体的干燥

将晶体转移到已知质量的表面皿中,用玻璃棒将其分开,并放入烘箱中(80 ℃为宜,不能超过 240 ℃)干燥 0.5 h,冷却后称量,计算产率。

六、纯度分析

实验室备有基准物质草酸、硫酸,设计分析方案,确定所制备的产品中高锰酸钾的含量。

七、锰各种氧化态间的相互转化(选做)

利用自制高锰酸钾晶体,如图 32-1 所示设计实验,实现锰的各种氧化态之间的相互转化。写出实验步骤及有关反应的离子方程式。

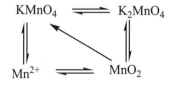

图 32-1　锰各种氧化态的相互转化

☞ 实验习题

1.总结启普发生器的构造和使用方法。

2.为了使 K_2MnO_4 发生歧化反应，能否用 HCl 代替 CO_2，为什么？

3.由锰酸钾在酸性介质中歧化的方法来得到高锰酸钾的最大转化率是多少？还可采取何种方法提高锰酸钾的转化率？

附注：

1.参考数据

一些化合物溶解度随温度的变化

$S/\text{g} \cdot (100\text{ g H}_2\text{O})^{-1}$　　　$t/℃$ 化合物	0	10	20	30	40	50	60	70	80	90	100
KCl	27.6	31.0	34.0	37.0	40.0	42.6	45.5	48.3	51.1	54.0	56.7
$K_2CO_3 \cdot 2H_2O$	51.3	52	52.5	53.2	53.9	54.8	55.9	57.1	58.3	59.6	60.9
$KMnO_4$	2.83	4.4	6.4	9.0	12.56	16.89	22.2	—	—	—	—

2.通 CO_2 过多，溶液的 pH 较低，溶液中会生成大量的 $KHCO_3$，而 $KHCO_3$ 的溶解度比 K_2CO_3 小得多，在溶液浓缩时，$KHCO_3$ 会和 $KMnO_4$ 一起析出。

第六部分

综合设计实验

实验 33　综合设计实验（一）

❋实验目的

运用元素及化合物的基本性质,对常见物质进行鉴定或鉴别。

应用元素及其化合物的性质进行试剂的鉴别。

☞ 实验内容

一、有一组失去标签的液体试剂,在不借用其他试剂(蒸馏水除外)的条件下,试分别加以鉴别。

$AgNO_3$、K_2CrO_4、$Pb(NO_3)_2$、$FeCl_3$、$Ni(NO_3)_2$、$NaOH$、NH_4SCN、KNO_3

二、有一组失去标签的固体试剂,在不借用其他试剂(蒸馏水除外)的条件下,试分别加以鉴别。

NH_4Cl、$BiCl_3$、$MgCl_2$、Na_2CO_3、$CuSO_4$、KI

三、设计实验除去 KCl 溶液中的 $MnCl_2$、NaCl 溶液中的 $FeCl_3$(不能引进第二次杂质)。

四、盛有以下八种硝酸盐的试剂瓶标签被腐蚀,试加以鉴别。

$AgNO_3$、$Pb(NO_3)_2$、$NaNO_3$、$Cd(NO_3)_2$、$Zn(NO_3)_2$、$Al(NO_3)_3$、$Mn(NO_3)_2$、KNO_3

五、有三种黑色或近乎黑色的氧化物,如何用实验鉴别?

CuO、PbO_2、MnO_2

实验 34　综合设计实验(二)
——水中溶解氧及大气中二氧化硫含量的测定

❋**实验目的**

　　本实验选择了两个环境监测中的实际课题,要求运用已学过的化学知识与实验方法,设计实验方案、步骤,进行测定,以提高学生综合分析解决问题的能力。

一、水中溶解氧的浓度测定

1.碘量法

溶解于水中的氧称为溶解氧(DO)。水中溶解氧的多少与水生动植物的生存及水中某些工业设备的使用寿命均有密切关系。例如,当水中溶解氧过低(<4 mg·L^{-1})时,许多鱼类就可能发生窒息而死亡,而某些厌氧细菌则迅速繁殖;当溶解氧过高时,则对工业用水中的金属设备和水中金属构筑物有较强的腐蚀作用。水体中溶解氧量的多少在一定程度上能够反映出水体受污染程度,因此水中溶解氧的测定对保护环境等方面有着重要的意义。

水中溶解氧的测定方法有碘量法和膜电极法。本实验采用碘量法,该方法测定溶解氧已有 90 多年的历史,至今仍是最准确、可靠的方法,并用作其他方法比较的标准。基本原理是:在水样中加入硫酸锰及碱性碘化钾,溶解氧可将 Mn^{2+} 氧化成高价 $[MnO(OH)_2]$。加入浓硫酸,高价态锰 $[MnO(OH)_2]$ 溶解并氧化 I^- 析出游离碘,由所消耗的硫代硫酸钠体积可计算出溶解氧含量。反应方程式如下:

碱性条件下:
$$MnSO_4 + 2NaOH = Mn(OH)_2 \downarrow + Na_2SO_4$$
$$2Mn(OH)_2 + O_2 = 2[MnO(OH)_2] \downarrow$$

酸性条件下:
$$[MnO(OH)_2] + 2I^- + 4H^+ = Mn^{2+} + I_2 + 3H_2O$$

$Na_2S_2O_3$ 滴定碘:
$$2Na_2S_2O_3 + I_2 = 2NaI + Na_2S_4O_6$$

2.叠氮化钠修正法和高锰酸钾修正法

若水中含有氧化性或还原性物质、藻类、悬浮物等,对该法均有干扰,因此测定时必须加以修正。常用修正法有叠氮化钠法和高锰酸钾法。

叠氮化钠修正法:NaN_3 主要消除亚硝基存在时引起的正干扰现象。亚硝酸盐主要存在于污水、废水、经生物处理的出水和河水中。NaN_3 分解亚硝酸盐类的反应只需 $2\sim 3$ min 即可完成,在加入浓硫酸前先加入数滴 5%NaN_3 溶液即可。在酸性介质中反应如下:
$$2NaN_3 + H_2SO_4 = 2HN_3 + Na_2SO_4$$
$$2HNO_3 + 8HN_3 = N_2O + 12N_2 + 5H_2O$$

用该法测溶解氧,除配制成碱性碘化钾—叠氮化钠外,其余步骤皆同于碘量法。

高锰酸钾修正法:该法主要消除试样中亚铁离子等一些还原性物质的干扰。在测定溶解氧之前,先加入过量的 $KMnO_4$ 和 H_2SO_4,使还原性物质氧化,过量 $KMnO_4$ 用草酸消除。

☞ 实验用品

仪器:量筒(10 mL,100 mL)、锥形瓶(250 mL)、广口瓶(250 mL)、移液管(50 mL)、微量滴定管

液体试剂:淀粉溶液(0.2%)、$MnSO_4$ 溶液(2 mol·L^{-1})、碱性 KI 溶液(配制方法见附注)、标准 $Na_2S_2O_3$ 溶液(0.025 mol·L^{-1})、浓硫酸

固体试剂:$KMnO_4$、$Na_2C_2O_4$

☞ 实验内容

设计实验步骤,测定你所在地的生活用水或河水中的溶解氧。

思考题

1. 如何采集水样?

2. 根据原理中有关反应方程式,列出水中溶解氧的计算式。

附注:

1.碱性碘化钾溶液的配制方法:称取 500 g 分析纯氢氧化钠,溶于 300～400 mL 蒸馏水中,再称取 150 g 分析纯碘化钾,溶于 200 mL 蒸馏水中,将以上两种溶液合并,加蒸馏水稀释至 1 L,静置一天,使碳酸钠沉淀,倾出上层澄清液备用。

2.在 1 bar 下,空气中含氧量为 20.9%(体积分数)时,氧在淡水中不同温度下的溶解度(单位:mg·L^{-1})如下:

温度/℃	5	10	15	20	25	30
溶解氧/mg·L^{-1}	12.80	11.33	10.15	9.17	8.38	7.63

☞ 参考书

1.刘大顺,喻俊芳编. 水质分吸化学. 武汉:华中工学院出版社,1988

2.吴鹏鸣主编. 环境监测原理与应用. 北京:化学工业出版社,1991

二、烟气中 SO_2 含量的测定

SO_2 是仅次于 CO 的大气污染物,是形成"酸雨"的主要污染源。SO_2 的工业分析常用库仑法和化学分析法。本实验采用化学分析法,可测量每标准立方米烟气含 50～2 000 mL 的 SO_2 样品。测定 SO_2 含量时,先将 SO_2 吸收固定在液体中,用氨基磺酸铵和硫酸铵混合液吸收 SO_2,再用标定好的碘溶液进行滴定,指示剂采用淀粉溶液,溶液由无色变成蓝色时达到终

。反应方程式如下：

$$SO_2+I_2+2H_2O=H_2SO_4+2HI$$

为了获得准确的分析结果,必须注意以下事项:

(1)烟气中的氮氧化物 NO_x 可溶于水生成酸,但氨基磺酸铵可消除这一影响:

$$2NO_2+H_2O=HNO_3+HNO_2$$

$$2HNO_2+NH_4SO_3NH_2=H_2SO_4+3H_2O+2N_2$$

(2)为使吸收液吸收 SO_2 的效率尽可能高,必须使气液两相充分接触,接触表面愈多愈好(可采用什么办法?),吸收液分别放在两个串联的吸收瓶中,分两级吸收。

(3)分析取样时,用 100 mL 针筒吸取样品,吸收液总量为 60 mL。吸收步骤完成后,转移到 200 mL 锥形瓶中,加入 5 mL 淀粉指示剂,用微量滴定管测定 SO_2 含量。

(4)在同样条件下进行吸收液的空白实验。

☞ 实验用品

仪器:吸收瓶、量筒(10 mL、100 mL)、锥形瓶(100 mL)、针筒(100 mL)、微量滴定管(2 mL)及滴定管架、白瓷板

试剂:吸收液、淀粉溶液(0.2 %)、碘溶液(0.05 mol·L^{-1})、二氧化硫气体钢瓶

☞ 实验内容

测定含 SO_2 及少量 NO_x 空气中的 SO_2 含量。

附注:

1.吸收液的配制:取氨基磺酸铵 11 g、硫酸铵 7 g,加入少量水搅拌使其溶解,稀释到 1 L。以 0.05 mol·L^{-1} H_2SO_4 和 0.1 mol·L^{-1} 氨水调节 pH 值等于 5.4。

2.0.05 mol·L^{-1} 碘溶液的配制:取 40 g 碘化钾,加入 25 mL 水溶解。取 12.7 g 碘放入该溶液中溶解,稀释于 1 L 棕色容量瓶中,加盐酸 3 滴,保存于暗处。

3.学生实验所用气体可采集符合监测范围的烟气,也可用静式配气法配制气体,即将已知体积的污染气体加到一定体积的空气中混合均匀(此步骤由实验教师完成)。

☞ 参考书

徐功骅,蔡作乾主编.大学化学实验.第二版.北京:清华大学出版社,1997

实验 35　综合设计实验(三)
——甘氨酸锌螯合物的合成

❋实验目的

　　通过查阅文献资料,优化甘氨酸锌的实验条件(如锌源、反应时间、反应温度等),培养学生发现问题、解决问题的能力。

　　锌是人和动物必需的微量元素,它具有加速生长发育、改善味觉、调节肌体免疫、防止感染和促进伤口愈合等功能。缺锌会产生多种疾病,补锌的药物有硫酸锌、甘草酸锌、乳酸锌、葡萄糖酸锌等。由于氨基酸所特有的生理功能,氨基酸与锌的螯合物可直接由肠道消化吸收,具有吸收快、利用率高等优点,还具有双重营养性和治疗作用,是一种理想的补锌制剂。合成过程如下:

$$Zn_2(OH)_2CO_3 + Gly \rightarrow [Zn(NH_2CH_2COO)_2] \cdot nH_2O$$

　　　碱式碳酸锌　　甘氨酸　　　　甘氨酸锌

☞ 实验要求

　　设计制取甘氨酸锌的实验方案。

实验 36　综合设计实验(四)
——自行设计硫酸亚铁铵的制备

> ※ **实验目的**
>
> 　1.优化复盐硫酸亚铁铵的制备方法。
>
> 　2.通过查阅文献资料,设计出实验方案,探索硫酸亚铁铵制备的最佳条件,培养学生解决问题的能力与创新精神。

☞ 实验原理

铁屑易溶于稀硫酸,生成硫酸亚铁:

$$Fe + H_2SO_4 = FeSO_4 + H_2 \uparrow$$

硫酸亚铁与等物质的量的硫酸铵在水溶液中相互作用,即生成溶解度较小的浅蓝色硫酸亚铁铵 $FeSO_4 \cdot (NH_4)_2SO_4 \cdot 6H_2O$ 复合晶体:

$$FeSO_4 + (NH_4)_2SO_4 + 6H_2O = FeSO_4 \cdot (NH_4)_2SO_4 \cdot 6H_2O$$

一般亚铁盐在空气中都易被氧化,但形成复盐后却比较稳定,不易氧化。

☞ 实验任务和要求

　1.查阅文献资料,考查不同的水浴加热温度及不同的投料质量对硫酸亚铁铵制备的影响。

　2.在 1 讨论分析的基础上,根据实验室现有的设备条件,结合自己所学的知识,设计制备硫酸亚铁铵的合理实验方案。

　3.设计实验研究方案(包括实验内容、实验操作条件、实验设备流程、实验操作方法和注意事项等)。

　4.按拟定的实验步骤,独立进行实验。

　5.根据实验结果进行分析讨论,以论文形式写出实验报告。

实验 37　综合设计实验(五)
——氯化铵的制备

❋**实验目的**

　　应用溶解和结晶等理论知识,以食盐和硫酸铵为原料制备氯化铵。

☞ 实验要求

　　1.查阅有关资料,列出氯化钠、硫酸铵和硫酸钠(包括十水硫酸钠)在水中不同温度下的溶解度。

　　2.设计出制备 20 g 理论量氯化铵的实验方案,进行实验。

　　3.用简单方法对产品质量进行鉴定。

　　思考题:

　　1.食盐中的不溶性杂质在哪一步除去?

　　2.食盐与硫酸铵的反应是一个复分解反应,因此在溶液中同时存在着氯化钠、硫酸铵、氯化铵和硫酸钠。根据它们在不同温度下的溶解度差异,可采取怎样的实验条件和操作步骤,使氯化铵与其他三种盐分离? 在保证氯化铵产品纯度的前提下,如何来提高它的产量?

　　3.假设有 150 mL NH_4Cl-Na_2SO_4 混合液(质量为 185 g),其中氯化铵为 30 g,硫酸钠为 40 g。如果在 363 K 左右加热,分别浓缩至 120 mL、100 mL、80 mL 和 70 mL。根据有关溶解度数据,通过近似计算,试判断在上述不同情况下哪些物质能够析出。过滤后的溶液冷至 333 K 和 308 K 时,又有何种物质析出? 根据上述计算,应如何控制蒸发浓缩条件来防止氯化铵和硫酸钠同时析出?

　　4.本实验要注意哪些安全操作问题?

☞ 参考资料

　　1.化学工业部科学技术情报研究所.国外化肥工业手册,1979

　　2.张爱谦主编.化工手册.上册.济南:山东科学技术出版社,1984

实验 38　综合设计实验(六)
——硝酸钾溶解度的测定与提纯

❋**实验目的**

　　学习硝酸钾溶解度的粗略测定方法,绘制溶解度曲线,了解 KNO_3 溶解度与温度的关系,并利用有关这方面的知识,对粗 KNO_3 进行提纯。

☞ 实验要求

　　1.自行设计实验方案,测定 KNO_3 在不同温度下的溶解度(本次实验 KNO_3 的用量为 7～8 g),并绘制出 KNO_3 的溶解度曲线。

　　2.本实验用的粗硝酸钾中含有约 5%(m)的氯化钠,要求利用 KNO_3 和 $NaCl$ 的溶解度与温度的关系提纯 10 g 粗硝酸钾。

　　3.纯化后的产品要进行质量鉴定(检查 Cl)。

　　思考题:

　　1.测定溶解度时,硝酸钾的量及水的体积是否需要准确? 测定装置应选用什么样的玻璃器皿较为合适?

　　2.在测定溶解度时,水的蒸发对本实验有何影响? 应采取什么措施?

　　3.溶解和结晶过程是否需要搅拌?

　　4.提纯粗硝酸钾应采取什么样的操作步骤?

☞ 提示

　　盐类在水中的溶解度是指在一定温度下它们在饱和水溶液中的浓度,一般以每百克水中溶解盐的质量(g)来表示。测定溶解度一般是将一定量的盐加入一定量的水中,加热使其完全溶解,然后令其冷却到一定温度(在不断搅拌下)至刚有晶体析出,此时溶液的浓度就是该温度下该盐的溶解度。

☞ 参考资料

　　〔美〕M·J·西恩科等著.化学实验.北京:人民教育出版社,1981

实验 39　综合设计实验(七)
——柠檬酸钙的制备

❋**实验目的**

　　本实验利用蛋壳或田螺壳为原料制备柠檬酸钙,在废弃物的开发利用上进行一些探索。

　　钙是人体必需的营养元素,是构成骨骼和牙齿的主要成分,并且维持细胞的正常生理状态,使组织表现适当的应激性,在人体的生命活动中有着重要作用。钙的缺乏会引起骨质疏松,儿童缺钙会导致佝偻病等,因此补钙是当前的热门话题之一。补钙考虑的首要问题是溶解度和吸收利用率。人体最易吸收的钙是柠檬酸钙,其次是乳酸钙、葡萄糖酸钙,最后是碳酸钙。研究表明柠檬酸钙的生物利用率是传统碳酸钙的 2.5 倍。制备柠檬酸钙的原料很多,如蛋壳和贝壳等,蛋壳中含 $CaCO_3$ 93% 以上。蛋壳来源丰富,一个中等城市每月所丢弃的鸡蛋壳总量达 50～80 吨。目前国内对蛋壳资源的利用率还很低,大量鸡蛋壳被扔弃,既污染环境又浪费资源,如加以回收利用,前景十分可观。

☞ 实验要求

　　设计以蛋壳为原料制取柠檬酸钙的实验方案。

实验 40　综合设计实验(八)
——锌钡白(立德粉)的合成

❋**实验目的**

　　1.进一步巩固学习粗产品的鉴定提纯方法。

　　2.查阅文献,优化锌钡白合成的实验条件。

　　锌钡白(俗称立德粉)是一种白色的无机颜料,大量用于油漆工业,亦可作为橡胶、油墨、造纸、搪瓷等工业的主要填料。

　　工业生产上是由 $ZnSO_4$ 与 BaS 溶液混合而成,反应如下:

$$BaS + ZnSO_4 = ZnS \downarrow + BaSO_4 \downarrow$$

　　反应得到的 ZnS 与 $BaSO_4$ 白色沉淀,经过滤、烘干即为锌钡白。锌钡白产品质量的优劣,不仅与反应条件有关,而且跟工艺过程有密切关系。实验方案设计思路主要有两个方面:(1) $ZnSO_4$ 的制备与提纯。$ZnSO_4$ 可从菱锌矿经酸分解制得,亦可用粗 ZnO 经酸分解制得。由于原料中含有镍、铜、铁、锰等杂质,必须用置换法或氧化法除杂。(2)BaS 工业生产上是用重晶石 $BaSO_4$ 经高温灼烧、冷却、浸取而成。实验室可直接使用 BaS 试剂。

☞ **实验要求**

　　设计以粗 ZnO 与 BaS 为原料制取锌钡白的实验方案,要求:

　　1.对粗 ZnO 中所含杂质作定性鉴定并除去;

　　2.用提纯后的原料制取锌钡白;

　　3.实验方案应包括具体的反应条件,如试剂用量、溶液浓度、反应温度、反应时间、酸度控制等。

实验 41　综合设计实验(九)
——草酸铜的制备

❋**实验目的**

　　1.优化草酸铜的制备条件,探讨铜离子与草酸根的比例及合成温度。

　　2.通过查阅文献资料,设计出实验方案,探索草酸铜制备的最佳条件,培养学生解决问题的能力。

　　煅烧前驱物是制备多孔材料常用的方法,又因为草酸铜可以作为氧化铜的前驱物,所以煅烧草酸铜可以得到多孔氧化铜材料。在制备多孔材料时,一般是煅烧草酸盐,前驱物的性质会影响所得氧化物的性质,所以研究草酸盐的制备方法和影响因素是非常重要的。研究结果表明,铜离子和草酸根的浓度比、反应温度、草酸根的存在形式等实验条件影响草酸铜粒子的大小和形貌。

☞ **实验要求**

　　设计以各种不同铜盐为原料制取草酸铜的实验方案。

第七部分

附 录

附录1 一些无机化合物的溶解度

化合物	溶解度/ $g \cdot (100\ mL\ H_2O)^{-1}$	$t/℃$	化合物	溶解度/ $g \cdot (100\ mL\ H_2O)^{-1}$	$t/℃$
Ag_2O	0.001 3	20	$MnCl_2 \cdot 4H_2O$	151	8
BaO	3.48	20	$FeCl_2 \cdot 4H_2O$	160.1	10
$BaO_2 \cdot 8H_2O$	0.168		$FeCl_3 \cdot 6H_2O$	91.9	20
As_2O_3	3.7	20	$CoCl_3 \cdot 6H_2O$	76.7	0
As_2O_5	150	16	$NiCl_2 \cdot 6H_2O$	254	20
$LiOH$	12.8	20	NH_4Cl	29.7	0
$NaOH$	42	0	$NaBr \cdot 2H_2O$	79.5	0
KOH	107	15	KBr	53.48	0
$Ca(OH)_2$	0.185	0	NH_4Br	97	25
$Ba(OH)_2 \cdot 8H_2O$	5.6	15	HIO_3	286	0
$Ni(OH)_2$	0.013		NaI	184	25
BaF_2	0.12	25	$NaI \cdot 2H_2O$	317.9	0
AlF_3	0.559	25	KI	127.5	0
AgF	182	15.5	KIO_3	4.74	0
NH_4F	100	0	KIO_4	0.66	15
$(NH_4)_2SiF_6$	18.6	17	NH_4I	154.2	0
$LiCl$	63.7	0	Na_2S	15.4	10
$LiCl \cdot H_2O$	86.2	20	$Na_2S \cdot 9H_2O$	47.5	10
$NaCl$	35.7	0	NH_4HS	128.1	0
$NaOCl \cdot 5H_2O$	29.3	0	$Na_2SO_3 \cdot 7H_2O$	32.8	0
KCl	23.8	20	$Na_2SO_4 \cdot 10H_2O$	11	0
$KCl \cdot MgCl_2 \cdot 6H_2O$	64.5	19		92.7	30
$MgCl_2 \cdot 6H_2O$	167		$NaHSO_4$	28.6	25
$CaCl_2$	74.5	20	$Li_2SO_4 \cdot H_2O$	34.9	25
$CaCl_2 \cdot 6H_2O$	279	0	$KAl(SO_4)_2 \cdot 12H_2O$	5.9	20
$BaCl_2$	37.5	26		11.7	40
$BaCl_2 \cdot 2H_2O$	58.7	100		17.0	50
$AlCl_3$	69.9	15	$KCr(SO_4)_2 \cdot 12H_2O$	24.39	25
$SnCl_2$	83.9	0	$BeSO_4 \cdot 4H_2O$	42.5	25
$CuCl_2 \cdot 2H_2O$	110.4	0	$MgSO_4 \cdot 7H_2O$	71	20
$ZnCl_2$	432	25	$CaSO_4 \cdot 0.5H_2O$	0.3	20
$CdCl_2$	140	20	$CaSO_4 \cdot 2H_2O$	0.241	
$CdCl_2 \cdot 2.5H_2O$	168	20	$Al_2(SO_4)_3$	31.3	0
$HgCl_2$	6.9	20	$Al_2(SO_4)_3 \cdot 18H_2O$	86.9	0
$[Cr(H_2O)_4Cl_2] \cdot 2H_2O$	58.5	25	$CuSO_4$	14.3	0

化合物	溶解度/$g \cdot (100 \text{ mL H}_2\text{O})^{-1}$	$t/℃$	化合物	溶解度/$g \cdot (100 \text{ mL H}_2\text{O})^{-1}$	$t/℃$
$CuSO_4 \cdot 5H_2O$	31.6	0	Na_2CO_3	7.1	0
$[Cu(NH_3)_4]SO_4 \cdot H_2O$	18.5	21.5	$Na_2CO_3 \cdot 10H_2O$	21.52	0
Ag_2SO_4	0.57	0	K_2CO_3	112	20
$ZnSO_4 \cdot 7H_2O$	96.5	20	$K_2CO_3 \cdot 2H_2O$	146.9	
$3CdSO_4 \cdot 8H_2O$	113	0	$(NH_4)_2CO_3 \cdot H_2O$	100	15
$HgSO_4 \cdot 2H_2O$	0.003	18	$NaHCO_3$	6.9	0
$Cr_2(SO_4)_3 \cdot 18H_2O$	120	20	NH_4HCO_3	11.9	0
$CrSO_4 \cdot 7H_2O$	12.35	0	$Na_2C_2O_4$	3.7	20
$MnSO_4 \cdot 6H_2O$	147.4		$FeC_2O_4 \cdot 2H_2O$	0.022	
$MnSO_4 \cdot 7H_2O$	172		$(NH_4)_2C_2O_4 \cdot 2H_2O$	2.54	0
$FeSO_4 \cdot H_2O$	50.9	70	$NaCH_3COO$	119	0
	43.6	80	$NaCH_3COO \cdot 3H_2O$	76.2	0
	37.3	90	$Pb(CH_3COO)_2$	44.3	20
$FeSO_4 \cdot 7H_2O$	15.65	0	$Zn(CH_3COO)_2 \cdot 2H_2O$	31.1	20
	26.5	20	NH_4CH_3COO	148	4
	40.2	40	$KSCN$	177.2	0
	48.6	50	NH_4SCN	128	0
$Fe_2(SO_4)_3 \cdot 9H_2O$	440		KCN	50	
$CoSO_4 \cdot 7H_2O$	60.4	3	$K_4[Fe(CN)_6] \cdot 3H_2O$	14.5	0
$NiSO_4 \cdot 6H_2O$	62.52	0	$K_3[Fe(CN)_6]$	33	4
$NiSO_4 \cdot 7H_2O$	75.6	15.5	H_3PO_4	548	
$(NH_4)_2SO_4$	70.6	0	$Na_3PO_4 \cdot 10H_2O$	8.8	
$NH_4Al(SO_4)_2 \cdot 12H_2O$	15	20	$(NH_4)_3PO_4 \cdot 3H_2O$	26.1	25
$NH_4Cr(SO_4)_2 \cdot 12H_2O$	21.2	25	$NH_4MgPO_4 \cdot 6H_2O$	0.023 1	0
$(NH_4)_2SO_4 \cdot FeSO_4 \cdot 6H_2O$	26.9	20	$Na_4P_2O_7 \cdot 10H_2O$	5.41	0
$NH_4Fe(SO_4)_2 \cdot 12H_2O$	124.0	25	$Na_2HPO_4 \cdot 7H_2O$	104	40
$Na_2S_2O_3 \cdot 5H_2O$	79.4	0	H_3BO_3	6.35	20
$NaNO_2$	81.5	15	$Na_2B_4O_7 \cdot 10H_2O$	2.01	0
KNO_2	281	0	$(NH_4)_2B_4O_7 \cdot 4H_2O$	7.27	18
	413	100	$NH_4B_5O_8 \cdot 4H_2O$	7.03	18
$LiNO_3 \cdot 3H_2O$	34.8	0	K_2CrO_4	62.9	20
KNO_3	13.3	0	Na_2CrO_4	87.3	20
	247	100	$Na_2CrO_4 \cdot 10H_2O$	50	10
$Mg(NO_3)_2 \cdot 6H_2O$	125		$CaCrO_4 \cdot 2H_2O$	16.3	20
$Ca(NO_3)_2 \cdot 4H_2O$	266	0	$(NH_4)_2CrO_4$	40.5	30
$Sr(NO_3)_2 \cdot 4H_2O$	60.43	0	$Na_2Cr_2O_7 \cdot 2H_2O$	238	0
$Ba(NO_3)_2 \cdot H_2O$	63	20	$K_2Cr_2O_7$	4.9	0
$Al(NO_3)_3 \cdot 9H_2O$	63.7	25	$(NH_4)_2Cr_2O_7$	30.8	15
$Pb(NO_3)_2$	37.65	0	$H_2MoO_4 \cdot H_2O$	0.133	18
$Cu(NO_3)_2 \cdot 6H_2O$	243.7	0	$Na_2MoO_4 \cdot 2H_2O$	56.2	0
$AgNO_3$	122	0	$(NH_4)_6Mo_7O_{24} \cdot 4H_2O$	43	
$Zn(NO_3)_2 \cdot 6H_2O$	184.3	20	$Na_2WO_4 \cdot 12H_2O$	41	0
$Cd(NO_3)_2 \cdot 4H_2O$	215		$KMnO_4$	6.38	20
$Mn(NO_3)_2 \cdot 4H_2O$	426.4	0	$Na_3AsO_4 \cdot 12H_2O$	38.9	15.5
$Fe(NO_3)_2 \cdot 6H_2O$	83.5	20	$NH_4H_2AsO_4$	33.74	0
$Fe(NO_3)_3 \cdot 6H_2O$	150	0	NH_4VO_3	0.52	15
$Co(NO_3)_2 \cdot 6H_2O$	133.8	0	$NaVO_3$	21.1	25
NH_4NO_3	118.3	0			

附录 2　常用酸、碱的浓度

试剂名称	密度/ g · cm^{-3}	质量分数/ %	物质的量浓度/ mol · L^{-1}	试剂名称	密度/ g · cm^{-3}	质量分数/ %	物质的量浓度/ mol · L^{-1}
浓硫酸	1.84	98	18	氢溴酸	1.38	40	7
稀硫酸	1.1	9	2	氢碘酸	1.70	57	7.5
浓盐酸	1.19	38	12	冰醋酸	1.05	99	17.5
稀盐酸	1.0	7	2	稀醋酸	1.04	30	5
浓硝酸	1.4	68	16	稀醋酸	1.0	12	2
稀硝酸	1.2	32	6	浓氢氧化钠	1.44	～41	～14.4
稀硝酸	1.1	12	2	稀氢氧化钠	1.1	8	2
浓磷酸	1.7	85	14.7	浓氨水	0.91	25～28	14.8
稀磷酸	1.05	9	1	稀氨水	1.0	3.5	2
浓高氯酸	1.67	70	11.6	氢氧化钙水溶液		0.15	
稀高氯酸	1.12	19	2	氢氧化钡水溶液		2	～0.1
浓氢氟酸	1.13	40	23				

摘自:北京师范大学化学系无机化学教研室编.简明化学手册.北京:北京出版社,1980

附录 3　某些试剂溶液的配制

试剂	浓度/mol·L^{-1}	配制方法
三氯化铋 BiCl$_3$	0.1	溶解 31.6 g BiCl$_3$ 于 330 mL 6 mol·L^{-1} HCl 中,加水稀释至 1 L
三氯化锑 SbCl$_3$	0.1	溶解 22.8 g SbCl$_3$ 于 330 mL 6 mol·L^{-1} HCl 中,加水稀释至 1 L
氯化亚锡 SnCl$_2$	0.1	溶解 22.6 g SnCl$_2$·2H$_2$O 于 330 mL 6 mol·L^{-1} HCl 中,加水稀释至 1 L,加入数粒纯锡,以防氧化
硝酸汞 Hg(NO$_3$)$_2$	0.1	溶解 33.4 g Hg(NO$_3$)$_2$·1/2H$_2$O 于 0.6 mol·L^{-1} HNO$_3$ 中,加水稀释至 1 L
硝酸亚汞 Hg$_2$(NO$_3$)$_2$	0.1	溶解 56.1 g Hg$_2$(NO$_3$)$_2$·2H$_2$O 于 0.6 mol·L^{-1} HNO$_3$ 中,加水稀释至 1 L,并加入少许金属汞
碳酸铵 (NH$_3$)$_2$CO$_3$	1	96 g 研细的 (NH$_3$)$_2$CO$_3$ 溶于 1 L 2 mol·L^{-1} 氨水
硫酸铵 (NH$_4$)$_2$SO$_4$	饱和	50 g (NH$_4$)$_2$SO$_4$ 溶于 100 mL 热水,冷却后过滤
硫酸亚铁 FeSO$_4$	0.5	溶解 69.5 g FeSO$_4$·7H$_2$O 于适量水中,加入 5 mL 18 mol·L^{-1} H$_2$SO$_4$,再用水稀释至 1 L,置入小铁钉数枚
六羟基锑酸钠 Na[Sb(OH)$_6$]	0.1	溶解 12.2 g 锑粉于 50 mL 浓 HNO$_3$ 中微热,使锑粉全部作用成白色粉末,用倾析法洗涤数次,然后加入 50 mL 6 mol·L^{-1} NaOH,使之溶解,稀释至 1 L
六硝基钴酸钠 Na$_3$[Co(NO$_2$)$_6$]		溶解 230 g NaNO$_2$ 于 500 mL H$_2$O 中,加入 165 mL 6 mol·L^{-1} HAc 和 30 g Co(NO$_3$)$_2$·6H$_2$O,放置 24 h,取其清液,稀释至 1 L,并保存在棕色瓶中。此溶液应呈橙色,若变成红色,表示已分解,应重新配制
硫化钠 Na$_2$S	2	溶解 240 g Na$_2$S·9H$_2$O 和 40 g NaOH 于水中,稀释至 1 L
仲钼酸铵 (NH$_4$)$_6$Mo$_7$O$_{24}$·4H$_2$O	0.1	溶解 124 g (NH$_4$)$_6$Mo$_7$O$_{24}$·4H$_2$O 于 1 L 水中,将所得溶液倒入 1 L 6 mol·L^{-1} HNO$_3$ 中,放置 24 h,取其澄清液
硫化铵 (NH$_4$)$_2$S	3	取一定量氨水,将其均分为两份,往其中一份通硫化氢至饱和,而后与另一份氨水混合
铁氰化钾 K$_3$[Fe(CN)$_6$]		取铁氰化钾约 0.7~1 g 溶解于水,稀释至 100 mL(使用前临时配制)
铬黑 T		将铬黑 T 和烘干的 NaCl 按 1:100 的比例研细,均匀混合,贮存于棕色瓶中
二苯胺		将 1 g 二苯胺在搅拌下溶于 100 mL 密度 1.84 g·cm^{-3} 硫酸或 100 mL 密度 1.70 g·cm^{-3} 磷酸中(该溶液可保存较长时间)
镍试剂		溶解 10 g 镍试剂于 1 L 95% 的酒精中
镁试剂		溶解 0.01 g 镁试剂于 1 L 1 mol·L^{-1} NaOH 溶液中
铝试剂		1 g 铝试剂溶于 1 L 水中

试剂	浓度/mol·L^{-1}	配制方法
镁铵试剂		将 100 g MgCl$_2$·6H$_2$O 和 100 g NH$_4$Cl 溶于水中,加 50 mL 浓氨水,用水稀释至 1 L
奈氏试剂		溶解 115 g HgI$_2$ 和 80 g KI 于水中,稀释至 500 mL,加入 500 mL 6 mol·L^{-1} NaOH 溶液,静置后,取其清液,保存在棕色瓶中
五氰氧氮合铁(Ⅲ)酸钠 Na$_2$[Fe(CN)$_5$NO]		10 g 亚硝酰铁氰酸钠溶解于 100 mL 水中。保存于棕色瓶内,如果溶液变绿则失效
打萨宗(二苯缩氨硫脲)		溶解 0.1 g 打萨宗于 1 L CCl$_4$ 或 CHCl$_3$ 中
格里斯试剂		(1)在加热下溶解 0.5 g 对-氨基苯磺酸于 50 mL 30 % HAc 中,于暗处保存; (2)将 0.4 g α-萘胺与 100 mL 水混合煮沸,向从蓝色渣滓中倾出的无色溶液中加入 6 mL 80%HAc 使用前将(1)、(2)两液等体积混合
甲基红		每升 60%乙醇中溶解 2 g
甲基橙	0.1 %	每升水中溶解 1 g
酚酞		每升 90%乙醇中溶解 1 g
溴甲酚蓝(溴甲酚绿)		0.1 g 该指示剂与 2.9 mL 0.05 mol·L^{-1}NaOH 一起搅匀,用水稀释至 250 mL;或每升 20%乙醇中溶解 1 g 该指示剂
石蕊		2 g 石蕊溶于 50 mL 水中,静置一昼夜后过滤,在滤液中加 30 mL 95%乙醇,再加水稀释至 100 mL
氯水		在水中通入氯气至饱和,该溶液使用时临时配制
溴水		在水中滴入液溴至饱和
碘液	0.01	溶解 1.3 g 碘和 5 g KI 于尽可能少量的水中,加水稀释至 1 L
品红溶液		0.1%的水溶液
淀粉溶液	0.2%	将 0.2 g 淀粉和少量冷水调成糊状,倒入 100 mL 沸水中,煮沸后冷却即可
NH$_3$-NH$_4$Cl 缓冲溶液		20 g NH$_4$Cl 溶于适量水中,加入 100 mL 氨水(密度为 0.9 g·cm^{-3}),混合后稀释至 1 L,即为 pH=10 的缓冲溶液

附录4　某些离子和化合物的颜色

一、离子

1.无色离子

Na^+、K^+、NH_4^+、Mg^{2+}、Ca^{2+}、Sr^{2+}、Ba^{2+}、Al^{3+}、Sn^{2+}、Sn^{4+}、Pb^{2+}、Bi^{3+}、Ag^+、Zn^{2+}、Cd^{2+}、Hg_2^{2+}、Hg^{2+} 等阳离子

BO_2^-、$B_4O_7^{2-}$、$C_2O_4^{2-}$、Ac^-、CO_3^{2-}、SiO_3^{2-}、NO_3^-、PO_4^{3-}、AsO_3^{3-}、AsO_4^{3-}、$[SbCl_6]^{3-}$、$[SbCl_6]^-$、SO_3^{2-}、SO_4^{2-}、S^{2-}、$S_2O_3^{2-}$、F^-、Cl^-、ClO_3^-、Br^-、BrO_3^-、I^-、SCN^-、$[CuCl_2]^-$、TiO_2^+、MoO_4^{2-}、WO_4^{2-} 等阴离子

2.有色离子

$[Cu(H_2O)_4]^{2+}$	$[CuCl_4]^{2-}$	$[Cu(NH_3)_4]^{2+}$	$[Ti(H_2O)_6]^{3+}$	$[TiCl(H_2O)_5]^{2+}$
浅蓝色	黄色	深蓝色	紫色	绿色
$[TiO(H_2O_2)]^{2+}$	$[V(H_2O)_6]^{2+}$	$[V(H_2O)_6]^{3+}$	VO^{2+}	VO_2^+
橘黄色	紫色	绿色	蓝色	浅黄色
$[VO_2(O_2)_2]^{3-}$	$[V(O_2)]^{3+}$	$[Cr(H_2O)_6]^{2+}$	$[Cr(H_2O)_6]^{3+}$	$[Cr(H_2O)_5Cl]^{2+}$
黄色	深红色	蓝色	紫色	浅绿色
$[Cr(H_2O)_4Cl_2]^+$	$[Cr(NH_3)_2(H_2O)_4]^{3+}$	$[Cr(NH_3)_3(H_2O)_3]^{3+}$	$[Cr(NH_3)_4(H_2O)_2]^{3+}$	$[Cr(NH_3)_5H_2O]^{2+}$
暗绿色	紫红色	浅红色	橙红色	橙黄色
$[Cr(NH_3)_6]^{3+}$	CrO_2^-	CrO_4^{2-}	$Cr_2O_7^{2-}$	$[Mn(H_2O)_6]^{2+}$
黄色	绿色	黄色	橙色	肉色
MnO_4^{2-}	MnO_4^-	$[Fe(H_2O)_6]^{2+}$	$[Fe(H_2O)_6]^{3+}$	$[Fe(CN)_6]^{4-}$
绿色	紫红色	浅绿色	淡紫色[①]	黄色
$[Fe(CN)_6]^{3-}$	$[Fe(NCS)_n]^{3-n}$	$[Co(H_2O)_6]^{2+}$	$[Co(NH_3)_6]^{2+}$	$[Co(NH_3)_6]^{3+}$
橙黄色	血红色	粉红色	黄色	橙黄色
$[CoCl(NH_3)_5]^{2+}$	$[Co(NH_3)_5(H_2O)]^{3+}$	$[Co(NH_3)_4CO_3]^+$	$[Co(CN)_6]^{3-}$	$[Co(NCS)_4]^{2-}$
紫红色	粉红色	紫红色	紫色	蓝色
$[Ni(H_2O)_6]^{2+}$	$[Ni(NH_3)_6]^{2+}$	I_3^-		
亮绿色	蓝色	浅棕黄色		

---

① 由于水解生成$[Fe(H_2O)_5(OH)]^{2+}$、$[Fe(H_2O)_4(OH)_2]^+$等离子,而使溶液呈黄棕色。未水解的 $FeCl_3$ 溶液呈黄棕色,这是由于生成$[FeCl_4]^-$的缘故。

二、化合物

1.氧化物

CuO	Cu₂O	Ag₂O	ZnO	CdO	HgO

CuO	Cu_2O	Ag_2O	ZnO	CdO	HgO
黑色	暗红色	暗棕色	白色	棕红色	红色或黄色
TiO_2	V_2O_3	VO_2	V_2O_5	Cr_2O_3	CrO_3
白色或橙红色	黑色	深蓝色	红棕色	绿色	红色
VO	MnO_2	MoO_2	WO_2	FeO	Fe_2O_3
亮灰色	棕褐色	铅灰色	棕红色	黑色	砖红色
Fe_3O_4	CoO	Co_2O_3	NiO	Ni_2O_3	PbO
黑色	灰绿色	黑色	暗绿色	黑色	黄色
Pb_3O_4					
红色					

2.氢氧化物

$Zn(OH)_2$	$Pb(OH)_2$	$Mg(OH)_2$	$Sn(OH)_2$	$Sn(OH)_4$	$Mn(OH)_2$
白色	白色	白色	白色	白色	白色
$Fe(OH)_2$	$Fe(OH)_3$	$Cd(OH)_2$	$Al(OH)_3$	$Bi(OH)_3$	$Sb(OH)_3$
白色或苍绿色	红棕色	白色	白色	白色	白色
$Cu(OH)_2$	$Ni(OH)_2$	$Ni(OH)_3$	$Co(OH)_2$	$Co(OH)_3$	$Cr(OH)_3$
浅蓝色	浅绿色	黑色	粉红色	褐棕色	灰绿色

3.氯化物

$AgCl$	Hg_2Cl_2	$PbCl_2$	$CuCl$	$CuCl_2$	$CuCl_2 \cdot 2H_2O$
白色	白色	白色	白色	棕色	蓝色
$Hg(NH_2)Cl$	$CoCl_2$	$CoCl_2 \cdot H_2O$	$CoCl_2 \cdot 2H_2O$	$CoCl_2 \cdot 6H_2O$	$FeCl_3 \cdot 6H_2O$
白色	蓝色	蓝紫色	紫红色	粉红色	黄棕色
$TiCl_3 \cdot 6H_2O$	$TiCl_2$				
紫色或绿色	黑色				

4.溴化物

$AgBr$	$AsBr_3$	$CuBr_2$
淡黄色	淡黄色	黑紫色

5.碘化物

AgI	Hg_2I_2	HgI_2	PbI_2	CuI	SbI_3
黄色	黄褐色	红色	黄色	白色	红黄色
BiI_3	TiI_4				
绿黑色	暗棕色				

6.卤酸盐

$Ba(IO_3)_2$	$AgIO_3$	$KClO_3$	$AgBrO_3$
白色	白色	白色	白色

7.硫化物

Ag_2S	HgS	PbS	CuS	Cu_2S	FeS
灰黑色	红色或黑色	黑色	黑色	黑色	棕黑色
Fe_2S_3	CoS	NiS	BiS_3	Bi_2S_3	SnS
黑色	黑色	黑色	黑色	黑褐色	灰黑色
SnS_2	CdS	Sb_2S_3	Sb_2S_5	MnS	ZnS
金黄色	黄色	橙色	橙红色	肉色	白色
As_2S_3					
黄色					

8.硫酸盐

Ag_2SO_4	Hg_2SO_4	$PbSO_4$	$CaSO_4$	$SrSO_4$	$BaSO_4$
白色	白色	白色	白色	白色	白色
$Fe(NO)SO_4$	$Cu_2(OH)_2SO_4$	$CuSO_4 \cdot 5H_2O$	$CoSO_4 \cdot 7H_2O$	$Cr_2(SO_4)_3 \cdot 6H_2O$	$Cr_2(SO_4)_3$
深棕色	浅蓝色	蓝色	红色	绿色	紫色或红色
$Cr_2(SO_4)_3 \cdot 18H_2O$	$KCr(SO_4)_2 \cdot 12H_2O$				
蓝紫色	紫色				

9.碳酸盐

Ag_2CO_3	$CaCO_3$	$SrCO_3$	$BaCO_3$	$MnCO_3$	$CdCO_3$
白色	白色	白色	白色	白色	白色
$Zn_2(OH)_2CO_3$	$BiOHCO_3$	$Hg_2(OH)_2CO_3$	$Co_2(OH)_2CO_3$	$Cu_2(OH)_2CO_3$	$Ni_2(OH)_2CO_3$
白色	白色	红褐色	红色	暗绿色①	浅绿色

10.磷酸盐

Ca_3PO_4	$CaHPO_3$	$Ba_3(PO_4)_2$	$FePO_4$	Ag_3PO_4	$MgNH_4PO_4$
白色	白色	白色	浅黄色	黄色	白色

11.铬酸盐

Ag_2CrO_4	$PbCrO_4$	$BaCrO_4$	$FeCrO_4 \cdot 2H_2O$
砖红色	黄色	黄色	黄色

---

① 相同浓度硫酸铜和碳酸钠溶液的比例(体积)不同时生成的碱式碳酸铜颜色不同：

$CuSO_4$∶Na_2CO_3　　碱式碳酸铜颜色

2∶1.6　　　　浅蓝绿色

1∶1　　　　暗绿色

12.硅酸盐

$BaSiO_3$	$CuSiO_3$	$CoSiO_3$	$Fe_2(SiO_3)_3$	$MnSiO_3$	$NiSiO_3$
白色	蓝色	紫色	棕红色	肉色	翠绿色

$ZnSiO_3$
白色

13.草酸盐

CaC_2O_4	$Ag_2C_2O_4$	$FeC_2O_4 \cdot 2H_2O$
白色	白色	黄色

14.类卤化合物

$AgCN$	$Ni(CN)_2$	$Cu(CN)_2$	$CuCN$	$AgSCN$	$Cu(SCN)_2$
白色	浅绿色	浅棕黄色	白色	白色	黑绿色

15.其他含氧酸盐

$MgNH_4AsO_4$	Ag_3AsO_4	$Ag_2S_2O_3$	$BaSO_3$	$SrSO_3$
白色	红褐色	白色	白色	白色

16.其他化合物

$Fe_4^{III}[Fe^{II}(CN)_6]_3 \cdot xH_2O$	$Cu_2[Fe(CN)_6]$	$Ag_3[Fe(CN)_6]$	$Zn_2[Fe(CN)_6]$
蓝色	红褐色	橙色	白色

$Na_2[Fe(CN)_5NO] \cdot 2H_2O$	$Co_2[Fe(CN)_6]$	$Ag_4[Fe(CN)_6]$	$K_2Na[Co(NO_2)_6]$
红色	绿色	白色	黄色

$(NH_4)_2Na[Co(NO_2)_6]$	$K_3[Co(NO_2)_6]$	$KHC_4H_4O_6$	$Zn_3[Fe(CN)_6]_2$
黄色	黄色	白色	黄褐色

$NaAc \cdot Zn(Ac)_2 \cdot 3[UO_2(Ac)_2] \cdot 9H_2O$	$K_2[PtCl_6]$	$Na[Sb(OH)_6]$
黄色	黄色	白色

$$\begin{bmatrix} O \begin{smallmatrix} Hg \\ \\ Hg \end{smallmatrix} NH_2 \end{bmatrix} I \qquad \begin{bmatrix} \begin{smallmatrix} I-Hg \\ \\ I-Hg \end{smallmatrix} NH_2 \end{bmatrix} I \qquad (NH_4)_2MoS_4$$

红棕色　　　　　　　　　　深褐色或红棕色　　　　血红色

附录5　离子鉴定

(一)常见阳离子的主要鉴定反应

离子	试剂	定性反应(鉴定反应)	介质条件	主要干扰离子
NH_4^+	NaOH	$NH_4^+ + OH^- \xrightarrow{\triangle} NH_3\uparrow + H_2O$ NH_3 使湿润的红色石蕊试纸变蓝或 pH 试纸呈碱性	强碱性介质	CN^- $CN^- + 2H_2O \xrightarrow{\triangle} HCOO^- + NH_3\uparrow$
	奈斯勒试剂(四碘合汞(Ⅱ)酸钾的碱性溶液)	$NH_4^+ + 2[HgI_4]^{2-} + 4OH^- \rightarrow$ $Hg_2ONH_2I\downarrow + 7I^- + 3H_2O$ (红棕色)	碱性介质	Fe^{3+}、Cr^{3+}、Co^{2+}、Ni^{2+}、Ag^+、Hg^{2+} 等离子能与奈斯勒试剂生成有色沉淀,妨碍 NH_4^+ 检出
Na^+	KH_2SbO_4	$Na^+ + H_2SbO_4^- \rightarrow NaH_2SbO_4\downarrow$ (白色)	中性或弱碱性介质	1.强酸的 NH_4^+ 盐水解后溶液所带的微酸性能促使产生白色 $HSbO_3$ 沉淀,从而干扰 Na^+ 检出 2.除碱金属以外的金属离子亦能生成白色无定形沉淀而干扰 Na^+ 的检出
	醋酸铀酰锌	$Na^+ + Zn^{2+} + 3UO_2^{2+} + 9Ac^- + 9H_2O$ $\rightarrow NaZn(UO_2)_3(Ac)_9 \cdot 9H_2O\downarrow$ (淡黄绿色)	中性或醋酸性溶液中	大量 K^+ 存在有干扰(生成$KAc \cdot UO_2$$(Ac)_2$ 针状结晶),Ag^+、Hg_2^{2+}、Sb(Ⅲ)存在亦有干扰
	焰色反应	挥发性的盐在煤气灯的无色火焰(氧化焰)中灼烧时,火焰呈黄色		
K^+	$Na_3[Co(NO_2)_6]$	$2K^+ + Na^+ + [Co(NO_2)_6]^{3+} \longrightarrow$ $K_2Na[Co(NO_2)_6]\downarrow$ (亮黄色)	中性或弱酸性	Rb^+、Cs^+、NH_4^+ 能与试剂形成相似的化合物,妨碍鉴定
	焰色反应	挥发性钾盐在煤气灯的无色火焰中灼烧时,火焰呈紫色		Na^+ 存在时,K^+ 所显示的紫色被黄色遮盖,为消除黄色火焰的干扰,可透过蓝玻璃观察
Mg^{2+}	镁试剂,即对硝基偶氮间苯二酚①	镁试剂被 $Mg(OH)_2$ 吸附后呈天蓝色,故反应结果形成天蓝色沉淀	强碱性介质	1.除碱金属外,在强碱介质中形成有色沉淀的离子,如 Ag^+、Hg^{2+}、Ni^{2+}、Co^{2+}、Cr^{3+}、Cu^{2+}、Mn^{2+}、Fe^{3+} 等离子对反应均有干扰 2.大量 NH_4^+ 存在,降低了溶液中 OH^- 浓度,使 $Mg(OH)_2$ 难以析出,降低了反应的灵敏度

----

① HO——⟨⟩——N=N——⟨⟩——NO₂ (HO)

离子	试剂	定性反应(鉴定反应)	介质条件	主要干扰离子
Ba^{2+}	K_2CrO_4	$Ba^{2+}+CrO_4^{2-}\rightarrow BaCrO_4\downarrow$ （黄色）	中性或弱酸性介质	Sr^{2+}、Pb^{2+}、Ag^+、Ni^{2+}、Zn^{2+} 等离子与 CrO_4^{2-} 能生成有色沉淀,影响 Ba^{2+} 的检出
	焰色反应	挥发性钡盐使火焰呈黄绿色		
Ca^{2+}	$(NH_4)_2C_2O_4$	$Ca^{2+}+C_2O_4^{2-}\rightarrow CaC_2O_4\downarrow$ （白色）	中性或碱性介质	Ag^+、Pb^{2+}、Cu^{2+}、Cd^{2+}、Hg^{2+}、Hg_2^{2+} 等金属离子均能与 $C_2O_4^{2-}$ 作用生成沉淀,对反应有干扰,可在氨性试液中加入 Zn 粉,将它们还原为金属而除去
	焰色反应	挥发性钙盐使火焰呈砖红色		
Al^{3+}	铝试剂①	形成红色絮状沉淀	pH=4~5	Fe^{3+}、Cr^{3+}、Co^{2+}、Mn^{2+} 等离子也能生成与铝相类似的红色沉淀而有干扰
	茜素-S(茜素磺酸钠)	玫瑰红色	pH=4~9	Fe^{2+}、Cr^{3+}、Mn^{2+} 及大量 Cu^{2+} 等离子存在对反应有干扰
Sb^{3+}	Sn 片	$2Sb^{3+}+3Sn\longrightarrow 2Sb\downarrow+3Sn^{2+}$ （黑色）	酸性介质	Ag^+、AsO_2^-、Bi^{3+} 等离子也能与 Sn 发生氧化还原反应,析出相应的黑色金属,妨碍 Sb^{3+} 的检出
Bi^{3+}	$Na_2[Sn(OH)_4]$	$2Bi^{3+}+3[Sn(OH)_4]^{2-}+6OH^-$ $\longrightarrow 2Bi\downarrow$(黑色)$+3[Sn(OH)_6]^{2-}$ 其中 $Na_2[Sn(OH)_4]$溶液必须临时配制	强碱性介质	Hg_2^{2+}、Hg^{2+}、Pb^{2+} 等离子存在时,亦会慢慢地被$[Sn(OH)_4]^{2-}$ 还原而析出黑色金属,干扰 Bi^{3+} 的检出
Sn^{2+}	$HgCl_2$	$Sn^{2+}+2HgCl_2+4Cl^-\longrightarrow$ $Hg_2Cl_2\downarrow$(白色)$+[SnCl_6]^{2-}$ $Sn^{2+}+Hg_2Cl_2+4Cl^-\longrightarrow$ $2Hg\downarrow$(黑色)$+[SnCl_6]^{2-}$	酸性介质	
Pb^{2+}	K_2CrO_4	$Pb^{2+}+CrO_4^{2-}\rightarrow PbCrO_4\downarrow$ （黄色）	中性或弱酸性介质	Ba^{2+}、Sr^{2+}、Ag^+、Ni^{2+}、Zn^{2+} 等离子与 CrO_4^{2-} 亦能生成有色沉淀,影响 Pb^{2+} 检出

①

离子	试剂	定性反应（鉴定反应）	介质条件	主要干扰离子
Cr^{3+} 或 CrO_4^{2-}	用 H_2O_2 氧化后加可溶性 Pb^{2+} 盐（或 Ag^+ 盐或 Ba^{2+} 盐）	$Cr^{3+}+4OH^- \longrightarrow [Cr(OH)_4]^-$ $2[Cr(OH)_4]^-+H_2O_2+2OH^- \longrightarrow$ $2CrO_4^{2-}+6H_2O$	碱性介质	
		$CrO_4^{2-}+Pb^{2+} \longrightarrow PbCrO_4 \downarrow$（黄色） $CrO_4^{2-}+2Ag^+ \longrightarrow Ag_2CrO_4$（砖红色） $CrO_4^{2-}+Ba^{2+} \longrightarrow BaCrO_4 \downarrow$（黄色）	弱酸性介质（HAc 酸化）	
	在 NaOH 条件下用 H_2O_2 氧化后再酸化，并用乙酸（或戊醇）萃取	$Cr^{3+}+4OH^- \longrightarrow [Cr(OH)_4]^-$ $2[Cr(OH)_4]^-+H_2O_2+2OH^- \longrightarrow$ $2CrO_4^{2-}+6H_2O$	碱性介质	
		$2CrO_4^{2-}+2H^+ = Cr_2O_7^{2-}+4H_2O$ $Cr_2O_7^{2-}+4H_2O_2+2H^+ \longrightarrow$ $2H_2CrO_6$（蓝色）$+3H_2O$ 反应要求在较低温度下进行	酸性介质	
Mn^{2+}	$NaBiO_3$	$2Mn^{2+}+5NaBiO_3+14H^+ \longrightarrow$ $2MnO_4^-+5Na^++5Bi^{3+}+7H_2O$ （紫红色）	HNO_3 介质	
Fe^{2+}	$K_3[Fe(CN)_6]$	$K^++Fe^{2+}+[Fe(CN)_6]^{3-} \longrightarrow$ $KFe^{II}[Fe^{III}(CN)_6] \downarrow$ 腾氏蓝（纯蓝）	酸性介质	
Fe^{3+}	$K_4[Fe(CN)_6]$	$K^++Fe^{3+}+[Fe(CN)_6]^{4-} \longrightarrow$ $KFe^{III}[Fe^{II}(CN)_6] \downarrow$ 普鲁士蓝	酸性介质	
	NH_4SCN（或碱金属硫氰酸盐）	$Fe^{3+}+nSCN^- = [Fe(NCS)_n]^{3-n}$	酸性介质	氰化物、磷酸、草酸、酒石酸、柠檬酸、含 α-OH 或 β-OH 的有机酸均能与 Fe^{3+} 生成稳定的配离子，妨碍 Fe^{3+} 检出；大量 Cu^{2+} 存在时能与 SCN^- 生成黑绿色 $Cu(SCN)_2$ 沉淀，干扰 Fe^{3+} 的检出
Co^{2+}	加 NH_4SCN 并用丙酮或戊醇萃取	$Co^{2+}+4SCN^- = [Co(NCS)_4]^{2-}$ （蓝色或绿色） 试剂要求用饱和溶液或固体的 NH_4SCN	酸性介质	Fe^{3+} 干扰 Co^{2+} 的检出
Cu^{2+}	$K_4[Fe(CN)_6]$	$2Cu^{2+}+[Fe(CN)_6]^{4-} \longrightarrow$ $Cu_2[Fe(CN)_6] \downarrow$（红褐色）	中性或酸性	能与 $[Fe(CN)_6]^{4-}$ 生成深色沉淀的金属离子（如 Fe^{3+}、Bi^{3+}、Co^{2+} 等均有干扰）
Ni^{2+}	丁二酮肟 $CH_3-C=N-OH$ $CH_3-C=N-OH$	$Ni^{2+}+2\begin{matrix} CH_3-C=N-OH \\ CH_3-C=N-OH \end{matrix} \longrightarrow$ （反应产物 镍的玫瑰红色螯合物） $+2H^+$ （玫瑰红色）	要求在氨性或醋酸钠溶液中进行，最合适的酸度条件为 $pH=5\sim 10$	Co^{2+}（与本试剂反应生成棕色可溶性化合物）、Fe^{2+}（与本试剂作用呈红色）、Bi^{3+}（与本试剂作用生成黄色沉淀）、Fe^{3+}、Mn^{2+}（在氨性溶液中与 $NH_3 \cdot H_2O$ 作用产生有色沉淀）等离子的存在干扰 Ni^{2+} 的检出

离子	试剂	定性反应(鉴定反应)	介质条件	主要干扰离子
Ag^+	HCl	$Ag^+ + Cl^- \longrightarrow AgCl\downarrow$（白色） 溶于过量氨水,用 HNO_3 酸化,沉淀重新析出 $AgCl + 2NH_3 \cdot H_2O \longrightarrow$ $\quad [Ag(NH_3)_2]^+ + Cl^- + 2H_2O$ $[Ag(NH_3)_2]^+ + 2H^+ + Cl^- \longrightarrow$ $\quad AgCl\downarrow + 2NH_4^+$	酸性介质	Pb^{2+}、Hg_2^{2+}（与 Cl^- 生成 $PbCl_2$、Hg_2Cl_2 白色沉淀）干扰 Ag^+ 的鉴定,但 Hg_2Cl_2、$PbCl_2$ 难溶于氨水,可与 $AgCl$ 分离
	K_2CrO_4	$2Ag^+ + CrO_4^{2-} \longrightarrow Ag_2CrO_4\downarrow$ （砖红色）	中性或微酸性介质	凡能与 CrO_4^{2-} 生成深色沉淀的金属离子(如 Hg_2^{2+}、Ba^{2+}、Pb^{2+} 等)均有干扰
Zn^{2+}	$(NH_4)_2S$ 或碱金属硫化物	$Zn^{2+} + S^{2-} \longrightarrow ZnS\downarrow$ （白色）	$c(H^+)$<0.3 $mol \cdot L^{-1}$	凡能与 S^{2-} 生成有色硫化物的金属离子均有干扰
	二苯硫腙 NH—NHC$_6$H$_5$ C=S N=NC$_6$H$_5$	NH—NHC$_6$H$_5$ C=S　$+\frac{1}{2}Zn^{2+} \longrightarrow$ N=NC$_6$H$_5$ 　　　　NH—NC$_6$H$_5$ 　　　　C=S $\longrightarrow Zn/2 \quad +H^+$ 　　　　N=NC$_6$H$_5$ （水层呈粉红色）	强碱性	在中性或弱酸性条件下,许多重金属离子都能与二苯硫腙生成有色的配合物,因而必须注意鉴定时的介质条件
Cd^{2+}	H_2S 或 Na_2S	$Cd^{2+} + H_2S \longrightarrow CdS\downarrow + 2H^+$ （黄色） $(Cd^{2+} + S^{2-} \longrightarrow CdS\downarrow)$		凡能与 H_2S(或 Na_2S)生成有色沉淀的金属离子均有干扰
Hg^{2+}	$SnCl_2$	见 Sn^{2+} 的鉴定	酸性介质	
	KI 和 $NH_3 \cdot H_2O$	1.先加入过量 KI $Hg^{2+} + 2I^- \longrightarrow HgI_2\downarrow$ $HgI_2 + 2I^- \longrightarrow [HgI_4]^{2-}$ 2.在上述溶液中加入 $NH_3 \cdot H_2O$ 或 NH_4^+ 盐溶液并加入浓碱溶液,则生成红棕色沉淀 $NH_4^+ + 2[HgI_4]^{2-} + 4OH^- \longrightarrow$ $Hg_2ONH_2I\downarrow$（红棕色）$+7I^- + 3H_2O$		凡能与 I^-、OH^- 生成深色沉淀的金属离子均有干扰

(二)常见阴离子的主要鉴定反应

离子	试剂	鉴定反应	介质条件	主要干扰离子
Cl^-	$AgNO_3$	$Cl^- + Ag^+ \longrightarrow AgCl\downarrow$(白色) $AgCl$ 溶于过量氨水或 $(NH_4)_2CO_3$ 中,用 HNO_3 酸化,沉淀重新析出	酸性介质	
Br^-	Cl_2 水 CCl_4(或苯)	$2Br^- + Cl_2 \longrightarrow Br_2 + 2Cl^-$ 析出的 Br_2 溶于 CCl_4(或苯)溶剂中呈橙黄色(或橙红色)	中性或酸性介质	
I^-	Cl_2 水 CCl_4(或苯)	$2I^- + Cl_2 \longrightarrow I_2 + 2Cl^-$ 析出的 I_2 溶于 CCl_4(或苯)溶剂中,呈紫红色	中性或酸性介质	
SO_4^{2-}	$BaCl_2$	$SO_4^{2-} + Ba^{2+} \longrightarrow BaSO_4\downarrow$ (白色)	酸性介质	
SO_3^{2-}	稀 HCl	$SO_3^{2-} + 2H^+ \longrightarrow SO_2\uparrow + H_2O$ SO_2 的检验: 1.SO_2 可使稀 $KMnO_4$ 还原而褪色 2.SO_2 可将 I_2 还原为 I^-,使淀粉—I_2 试纸褪色 3.可使品红溶液褪色 因此,可用蘸有 $KMnO_4$ 溶液,或淀粉—I_2 液或品红溶液的试纸检验	酸性介质	$S_2O_3^{2-}$、S^{2-} 存在干扰鉴定
	$Na_2[Fe(CN)_5NO]$ $ZnSO_4$ $K_4[Fe(CN)_6]$	生成红色沉淀 $Na_3[Fe(CN)_4NOSO_3]$	中性介质	S^{2-} 与 $Na_2[Fe(CN)_5NO]$生成紫红色配合物,干扰 SO_3^{2-} 鉴定
$S_2O_3^{2-}$	稀 HCl	$S_2O_3^{2-} + 2H^+ \longrightarrow SO_2\uparrow + S\downarrow + H_2O$ 反应中因有硫析出,而使溶液变浑浊	酸性介质	SO_3^{2-}、S^{2-} 存在时,干扰 $S_2O_3^{2-}$ 鉴定
	$AgNO_3$	$2Ag^+ + S_2O_3^{2-} \longrightarrow Ag_2S_2O_3\downarrow$(白色) $Ag_2S_2O_3$ 沉淀不稳定,生成后立即发生水解反应,且这种水解常伴随着显著的颜色变化,由白→黄→棕,最后变为黑色物质 Ag_2S $Ag_2S_2O_3 + H_2O \Longrightarrow Ag_2S\downarrow + 2H^+ + SO_4^{2-}$　(黑色)	中性介质	S^{2-} 存在干扰鉴定
S^{2-}	稀 HCl	$S^{2-} + 2H^+ \longrightarrow H_2S\uparrow$ H_2S 气体的检验:1.根据 H_2S 气体的特殊气味;2.H_2S 气体可使沾有 $Pb(NO_3)_2$ 或 $Pb(Ac)_2$ 的试纸变黑	酸性介质	SO_3^{2-}、$S_2O_3^{2-}$ 存在会有干扰
	$Na_2[Fe(CN)_5NO]$	$S^{2-} + [Fe(CN)_5NO]^{2-} \longrightarrow$ $[Fe(CN)_5NOS]^{4-}$(紫红色)	碱性介质	
NO_2^-	对氨基苯磺酸 α-萘胺	$NO_2^- + H_2N-\bigcirc + H_2N-\bigcirc-SO_3H + H^+$ $\longrightarrow H_2N-\bigcirc-N=N-\bigcirc-SO_3 + 2H_2O$ (粉红色) 当 NO_2^- 浓度增大时,生成黄色溶液或褐色沉淀	中性或醋酸介质	MnO_4^- 等强氧化剂存在会有干扰

离子	试剂	鉴定反应	介质条件	主要干扰离子
NO_3^-	$FeSO_4$ 浓 H_2SO_4	$NO_3^- + 3Fe^{2+} + 4H^+ \longrightarrow 3Fe^{3+} + NO$ $+ 2H_2O$ $Fe^{2+} + NO \longrightarrow [Fe(NO)]^{2+}$（棕色） 在混合液与浓 H_2SO_4 分层处形成棕色环	酸性介质	NO_2^- 有同样的反应,妨碍鉴定
CO_3^{2-}	稀 HCl （或稀 H_2SO_4）	$CO_3^{2-} + 2H^+ \longrightarrow CO_2 \uparrow + H_2O$ CO_2 气体使饱和 $Ba(OH)_2$ 溶液变浑浊 $CO_2 + 2OH^- + Ba^{2+} \longrightarrow$ $BaCO_3 \downarrow$（白色）$+ H_2O$	酸性介质	
PO_4^{3-}	$AgNO_3$	$3Ag^+ + PO_4^{3-} \longrightarrow Ag_3PO_4 \downarrow$ （黄色）	中性或弱酸性介质	CrO_4^{2-}、S^{2-}、AsO_4^{3-}、AsO_3^{3-}、I^-、$S_2O_3^{2-}$ 等离子能与 Ag^+ 生成有色沉淀,妨碍鉴定
	$(NH_4)_2MoO_4$ $HNO_3$①	$PO_4^{3-} + 3NH_4^+ + 12MoO_4^{2-} + 24H^+ \longrightarrow$ $(NH_4)_3PO_4 \cdot 12MoO_3 \cdot 6H_2O \downarrow +$ （黄色） $6H_2O$	HNO_3 介质	1. SO_3^{2-}、$S_2O_3^{2-}$、S^{2-}、I^-、Sn^{2+} 等还原性物质存在时,易将 $(NH_4)_2MoO_4$ 还原为低价钼的化合物——钼蓝,而使溶液呈蓝色,严重干扰 PO_4^{3-} 的检出 2. SiO_3^{2-}、AsO_4^{3-} 与钼酸铵试剂也能形成相似的黄色沉淀,妨碍鉴定 3. 大量 Cl^- 存在时,可与 $Mo(Ⅵ)$ 形成配合物而降低反应的灵敏度
SiO_3^{2-}	饱和 NH_4Cl	$SiO_3^{2-} + 2NH_4^+ \xrightarrow{\triangle} H_2SiO_3 \downarrow + 2NH_3 \uparrow$ （白色胶状沉淀）	碱性介质	
F^-	浓 H_2SO_4	$CaF_2 + H_2SO_4 \xrightarrow{\triangle} 2HF \uparrow + CaSO_4$② 放出的 HF 与硅酸盐或 SiO_2 作用,生成 SiF_4 气体;当 SiF_4 与水作用时,立即分解并转化为不溶性硅酸沉淀使水变浑浊 $Na_2SiO_3 \cdot CaSiO_3 \cdot 4SiO_2$（玻璃）$+ 28HF$ $\rightarrow 4SiF_4 \uparrow + Na_2SiF_6 + CaSiF_6 + 14H_2O$ $SiF_4 + 4H_2O \rightarrow H_4SiO_4 \downarrow + 4HF$	酸性介质	

　　① 无还原性干扰离子存在时,不必加入 HNO_3,磷钼酸铵能溶于过量磷酸盐生成配位离子,因此需要加入过量钼酸铵试剂。

　　② 用上述方法鉴定溶液中的 F^- 时,应先将溶液蒸发至干或在 CH_3COOH 存在下用 $CaCl_2$ 沉淀,将 CaF_2 离心分离后,小心烘干,然后进行鉴定。

附录6　参考资料

1.北京师范大学无机化学教研室等编.无机化学实验.第三版.北京:高等教育出版社,2001

2.王致勇,连祥珍编著.实验无机化学.北京:清华大学出版社,1987

3.沈君朴主编.实验无机化学.第二版.天津:天津大学出版社,2001

4.中山大学等校编.无机化学实验.第三版.北京:高等教育出版社,2003

5.邹振扬,郭良琮主编.普通化学实验教程.重庆:重庆大学出版社,1993

6.天津大学普通化学教研室编.无机化学课堂演示实验.北京:人民教育出版社,1979

7.刘约权,李贵深主编.实验化学.第二版.北京:高等教育出版社,2005

图书在版编目(CIP)数据

无机化学实验/闽南师范大学无机及材料化学教研室编.—4 版.—厦门:厦门大学出版
社,2017.5(2021.6 重印)
ISBN 978-7-5615-6523-0

Ⅰ.①无… Ⅱ.①闽… Ⅲ.①无机化学－化学实验 Ⅳ.①O61－33

中国版本图书馆 CIP 数据核字(2017)第 113345 号

出 版 人	蒋东明
责任编辑	眭 蔚
美术编辑	李嘉彬
责任印制	许克华

出版发行 厦门大学出版社

社　　址	厦门市软件园二期望海路 39 号
邮政编码	361008
总 编 办	0592-2182177　0592-2181406(传真)
营销中心	0592-2184458　0592-2181365
网　　址	http://www.xmupress.com
邮　　箱	xmup@xmupress.com
印　　刷	南平市武夷美彩印中心

开本	787mm×1092mm　1/16
印张	11
字数	280 千字
版次	2017 年 5 月第 4 版
印次	2021 年 6 月第 2 次印刷
定价	33.00 元

本书如有印装质量问题请直接寄承印厂调换

厦门大学出版社
微信二维码

厦门大学出版社
微博二维码